翻轉學

翻轉學

翻轉學

翻轉學

量化通——著

零基礎入門的
Python
自動化投資

10年操盤手團隊量化通，教你從零開始學程式交易，
讓你輕鬆選股、判斷買賣時機，精準獲利

目 錄

第 1 章　為什麼要學程式交易？

第 2 章　Python 投資前必備金融常識

第3章 從零開始，入門Python

第4章 理財結合爬蟲，幫你篩選有用數據

目錄

好評推薦

「很開心聽到量化通即將出版新書，他們對於量化交易領域一直有著自己的堅持與想像，在過去與他們合作的過程當中，感受到他們在內容製作上相當用心，並且對簡單化專業知識與複雜資訊的企圖心非常強烈。如果你在網路上看過相關內容卻仍然一知半解，透過本書，相信能以友善且有系統的方式，從零開始一步步建構必要的知識點，無痛地上手 Python 程式交易，開啟新的投資方式。」

—— Adam，HiSKIO 專業線上學習平台 CEO

「不管先學程式還是先學投資，當兩個技能組合在一起的時候，可以探索不一樣的收入模式，透過這本書入門會是個不錯的選擇！」

—— Nic，在地上滾的工程師

前言
沒有金融和程式背景，也能讓投資自動化

—— 東尼（Tony），量化通 QuantPass 創辦人

　　已經連續好幾年，Python 成為最熱門的程式語言，在許多領域上發光發熱。結合金融投資的領域，就成為了「程式交易」（Program Trading）。程式交易又稱為「量化交易」（Quantitative Trading），是指投資人透過電腦程式「全自動」執行投資交易。

　　在現今社會人人都離不開網路的大環境下，「程式語言」、「機器人理財」、「資訊分析」、「網頁爬蟲」等名詞，也漸漸進入大家的日常生活中。除此之外，由於 Python 本身的各種優勢，在金融業的應用也十分廣泛，再加上語法易懂，讓大家在接觸程式交易這個領域可以輕鬆入門。

　　本書希望讓對投資或程式有興趣的朋友，「**就算沒有任何的金融與程式背景**」也可以透過本書由淺入深的內容，實踐用 Python 自動化投資，從零開始打造自己的量化投資工具。

　　本書的內容會先介紹「程式交易的概念」，接續「常見的金融商品與交易知識」，讓你建立起對金融商品的初步認識。第 3、4 章講解 Python 的安裝到基本語法，讓沒有接觸過 Python 的讀者也能快速理解語法規則和基本應用，並且了解爬蟲，進入到股票爬蟲的實戰。之後的章節介紹如何利用 Python 選股，並結合 LINE Notify 的訊息提醒通知，讓我們可以即時收到選股訊息。

　　希望你在閱讀本書時能親自操作書中的範例程式碼，在學習程式交

易的路上，會更快速並有成就感。因為程式交易的領域與應用十分廣泛，受限於本書的篇幅，難以將更深入的內容呈現。若讀者對程式交易有更多的興趣，量化通的官方網站上有更多元進階與程式交易、量化投資相關的資訊，如果有任何程式交易的問題，都歡迎到量化通粉專一起討論。我們也有進階的線上課程，可以供大家學習。從零開始程式交易，跟上未來的量化投資趨勢！

量化通官方網站　　　　　　　　量化通 FB 粉絲專頁

下載範例檔案

本書介紹的主要程式和執行程式所需的檔案，都可從下列網頁下載。

瀏覽上述網頁，下載範例檔案後，會看到有關下載的說明，請依照說明下載檔案（輸入密碼：Q9789865078225P，領取程式碼）。

---

* 本書介紹的程式與操作都是基於 2021 年 5 月的環境撰寫，使用 Python 3.10.1 版本的環境驗證程式的執行過程。

** 本書發行後，可能因為作業系統與 Python 的更新，導致書中內容無法正常執行，執行結果也可能不同，還請讀者見諒。

第 **1** 章

為什麼要學程式交易？

01 什麼是程式交易？

隨著科技與網路的進步，電腦程式、AI 機器人逐漸取代人類，處理重複且瑣碎的工作。

美國跨國投資銀行與金融服務公司高盛集團（Goldman Sachs Group）總裁暨營運長索羅門（David Solomon），曾在 2018 年表示，全公司的人工交易員只剩三人，其餘皆被電腦取代。交易的所有流程皆以程式自動運作，幾乎不需要人工介入，透過程式可以 24 小時監控大量商品，並在發現投資機會時，以最快的速度進行交易。

除了高盛集團這類大型金融機構，國內外的金融機構也大量應用 AI 機器人在金融投資上，不論是選股、股票評估、期貨交易，甚至是加密貨幣的市場，都可以看見 AI 機器人的應用。近幾年，各大專院校也紛紛開設相關科系與課程，由此可見「程式交易」已成為主流的交易方式。

程式交易也可以稱為「量化交易」，是透過電腦程式全自動執行投資交易。優勢在於，可以節省花在盯盤的大量時間，也能全方位鎖定多種商品：台股、美股、黃金、原油，或是 24 小時開盤的虛擬貨幣，皆可以藉由電腦程式隨時掌握市場的行情，並且可以避免人性的主觀影響，透過軟體嚴格執行投資策略，保持交易的一致性。

　　根據全球統計數據機構Statista統計，透過程式交易管理的資金規模，平均每年以60％的速度成長，2020年已超過1兆美元，2024年將逼近3兆美元。

　　為什麼程式交易這麼熱門？原因其實很簡單，程式交易把人的投資方法「程式化」，讓程式自動買賣。舉例來說，若你決定買一檔股票，會經過以下幾個步驟：

1. 接收資訊：打開看盤APP，搜尋幾檔今日熱門股票，剛好聽到同事提到買了某檔個股後獲利很多。研究這檔個股的財報，發現這間公司近半年營收都在增加，技術線圖屬於上漲趨勢，而且近期三大法人[*]也一直增加持股，心想這檔股票未來應該會發展得不錯，於是考慮買進。

2. 做出買賣決策：挑選好想投資的股票，接下來就要決定在什麼價格買進，是要直接以市價進場買進？還是等價格下跌之後再逢低買進呢？

3. 執行下單動作：決定好買進哪檔股票、買多少張、在什麼價位買進等具體投資決策後，將買進的委託單下單到市場。

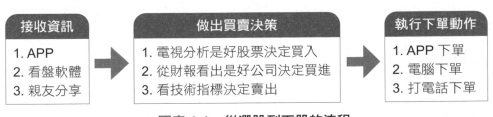

▲ 圖表 1-1　從選股到下單的流程

---

[*] 指外資、投信、自營商，是除了一般個體戶投資人以外的三種機構投資者。

程式交易就是把前述所有原本由「人」在做的事情，全部交由「程式」自動執行。

程式交易的執行流程如下：

1. 透過程式軟體 API[*]接收市場的資訊，例如：價格、成交量、財報、即時新聞、技術指標、機構推薦股票等。

2. 由事先定義好的投資策略，計算出買賣點與停損停利點（例如：均線黃金交叉[†]則買進，均線死亡交叉[‡]則賣出）。

3. 當出現買賣訊號時，由程式自動進行買進或賣出，程式能每天 24 小時監控，再也不用擔心股票在睡覺時大跌。

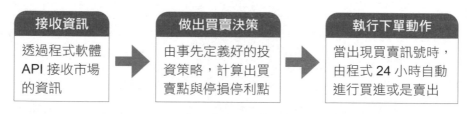

▲ 圖表 1-2　從選股到下單的流程，都由程式取代

成功的投資是一套明確的交易邏輯，加上長期不斷重複執行積累的結果，這兩項特質程式皆可以取代，並且更適合交由程式執行，不只省時還更有效率，可以節省我們花在投資決策或執行的時間。

---

* 程式與程式之間溝通的橋梁，可以幫助開發者節省精力，快速達到在不同程式間傳輸資料的目的。

† 代表短期趨勢由弱轉強，一般解讀為買股票的好時機，後續可能還有一波漲勢。

‡ 代表短期趨勢由強轉弱，一般解讀為賣股票的好時機，後續可能還有一波跌勢。

02　程式交易克服人為的限制

　　程式交易跟人工主觀交易哪個比較容易賺錢，是很多人的疑問。

　　其實，兩者都賺得到錢。各個流派都有高手，任何一種方式在市場上都有獲利的機會，那為什麼我最後選擇用程式交易投資呢？是因為想讓時間更自由。如果時時刻刻都在盯盤，肯定會筋疲力盡。

　　做任何事情，成功的祕訣其實都差不多，就是找出長期是正期望值的方法，將簡單的事情重複做、不斷執行，然後形成習慣。既然是如此機械式的行為，何不交給軟體執行呢？不只能提高運作效率，還可以騰出更多自己的時間。

　　多數人剛開始接觸投資時，都是從「主觀交易」開始。主觀交易泛指所有人為進行投資決策判斷的方式。我剛開始投資時，接觸的是基本面選股，每個月都會研究各大公司的財報。很多書常常提到「基本面好的公司可以買進」，但我的心中總是有個很大的疑問：「基本面好」應該怎麼定義？營收增加嗎？那增加多少算好？但是這些問題似乎只能依靠經驗來判斷，沒有比較科學化的方式能客觀地衡量。

　　因此透過程式交易，便能解決這些困擾。程式交易中，除了自動交易，「回溯測試」的步驟，便是使用科學化的方式，客觀評估投資方式在歷史行情中，可能會呈現的損益或績效。

回溯測試（Backtesting），簡稱「回測」，指藉由歷史資料驗證目前的投資策略是否有效。可以運用程式模擬過去的股票市場，判斷策略若在當時的市場上實際交易股票，能獲得怎麼樣的績效。

市面上，雖然有很多工具可以幫助我們快速篩選出符合條件的好股票，但是大多數在使用上有限制，因此透過 Python，我們可以打造出屬於自己的選股機器人，並且將挑選到的股票即時用 LINE 接收通知。不必時時刻刻盯盤，也能即時掌握最新的投資機會。

人性是投資最大的關卡

投資時，不免會受到個人主觀意識的影響。有交易經驗的人，應該會懂這種感覺，在交易的過程中，難的不是學會怎麼分析股票，也不是了解金融基礎理論，而是自己的心魔，像是常常挑好了股票卻不敢下單買進，或好不容易買進股票，股價稍微上漲一點就忍不住小賺出場，下跌時卻捨不得停損，導致虧損持續擴大。就跟減肥一樣，大家都知道少吃垃圾食物、多運動，基本上能瘦下來，道理我都知道，只是真的很難做到。而程式的冷酷無情，就能解決心魔，自動化執行交易，理性、高效率且毫無情緒地運行所有你設想的投資決策。

透過程式交易，不管是執行何種交易行為，都能即時反應、下單，凹單[*]、猶豫等常見的人為錯誤，都能透過程式排除，最忠實的反映出投資策略的績效，不會受到人為操作的干擾。

投資時，停損是一件非常困難的事，有很多投資高手，一生的心血

---

[*] 已經跌破原先設定的出場價，應該要賣出停損，卻繼續持有不賣出，期待股價會回到成本價。

就消失在一次的不停損中。嚴守自己的交易紀律並不容易，因為人們對於市場往往有很多個人的判斷，尤其是在評估停損的時刻。

停損是一個反人性的行為，因為執行停損等於承認自己的錯誤，並且需要親自結束交易。要承認自己的錯誤，是一件不簡單的事情，每個人都希望自己的看法、想法是正確的。

除了停損時機點，人性的貪婪和恐懼也是投資時的一大阻礙，會影響我們在執行投資策略的當下，無法實際發揮所學到的金融財務知識，導致在投資的路上沒有進展。舉一個常見的例子，假如我們花了很多時間與精力，鑽研一檔股票的財報、基本面、籌碼面*等資訊，最後得到現在是很好的買進時機，開心地將資訊與親朋好友分享，但眾人往往各執一詞，便容易影響自己的看法、懷疑自己的研究成果，導致遲遲沒有出手買進股票。

要避免這些問題成為投資的阻礙，就需要運用程式快速且不帶任何感情地執行所有交易動作，就能破解個人不守紀律的痛點。

透過程式分析市場交易，往往可以讓投資策略的執行率發揮到100％，將人為執行的損失降到最低，也可以用科學化的方式分析投資方法，驗證投資策略在過去 5 年、10 年，是否有不錯的績效，排除人性的弱點。

財務自由也時間自由

近幾年很流行的「被動收入」，定義是只要躺著就有錢賺，可以想像成自己擁有一台自動印鈔機，但事實上要達到這種狀態，在投資的前期需要付出非常大的努力。好消息是程式交易可以達到類似的狀態，不

---

* 觀察該股票的分布，主要由誰持有，藉此判斷股價的後續走勢。

過在剛入門時，需要花時間將交易的系統環境架構好。

　　為了架構完善的交易環境，需要妥善運用個人的零碎時間，一步一步拼湊完成，也可以找市面上現有的工具或教學一步到位。架構完善的環境後，僅需花少量的心力在維護系統，讓系統自動運行，定期檢查系統的運作是否出現問題，像是網路斷線或下單錯誤等。將投資的大部分事情交由程式執行，就可以空出更多個人時間，將自己的心力和時間，放在其他想做的事情上。

　　我一開始投資時，也是以人為主觀的交易為主，雖然自己是在金融界從業，但是整天都在看投資相關的內容，久了也會疲乏。直到後來運用程式交易，自己的時間更能自由地利用，不只達到財富自由，也達到時間自由，更有餘裕去多學一些不一樣的事物，研究不同的領域，充實個人生活。

　　除此之外，程式交易能幫助自己騰出更多時間研究不同市場，尋找更多投資機會。如果持有美股，也不必擔心可能在晚上大跌而睡不著，總是要抓準時間起床看盤，這樣其實非常影響生活品質，因此只要能夠讓程式隨時監控市場，並且針對市場的訊息和趨勢，即時做出相對應的反應，不僅可以達到財富自由，時間也能更自由。

程式交易 4 大優勢

1. 省下大量時間

程式交易能全自動運行投資策略，不再時時刻刻盯盤。

2. 同時關注多種商品

量化交易可以同時監控大量的金融商品，台股、歐股、美股、黃金、原油，甚至是虛擬貨幣，都可以透過程式隨時監控，在睡覺時也可以由程式安心判斷市場行情。

3. 評估可獲利性

股票的分析根據分析師的不同，見解各異，種種的投資祕笈，到底哪個才賺錢？透過程式交易中的「回測」，就能用科學化的方式，客觀評估投資策略在歷史行情中，呈現的損益與績效。

4. 避免主觀意識

程式交易能理性、高效率且毫無情緒的運行所有投資決策，不會再受到人為操作的影響。

03　程式交易常用的五大策略

進行投資交易時，若沒有擬定交易策略，很容易如無頭蒼蠅般，盲目地買賣，最後導致損失慘重，因此擬定投資策略是執行交易前相當重要的一步。

根據不同的需求，有不同的投資策略和判斷模式，每種策略的特性與擅長判斷的走勢行情不盡相同，就像在遊戲中，不同角色有不同功能，法師擅長魔法攻擊，戰士物理攻擊力高，補師能夠為團隊帶來後援，要組成平衡的隊伍，需要各種類型的成員，才能夠應對各種多變的情況，並使存活率保持穩定。

投資也是一樣的，市場千變萬化，常因為一個事件造成大幅度的波動，因此需要多元的策略來建構穩定的投資組合。

趨勢策略：捕捉大行情的最佳幫手

趨勢策略又稱為「順勢策略」，是投資組合中最基本也最需要配備的策略，指的是在趨勢產生後進場，在趨勢消失後出場。

舉例來說，在股票起漲時，透過均線判斷趨勢方向而進場買進，此策略的目標為捕捉長波段的走勢，不利於盤整行情，會來回進出場消耗成本。由於趨勢轉換需要時間，無法進場在最高點或最低點。

因此趨勢策略的關鍵在於發現趨勢、掌握趨勢，並搭配合理的進出場機制。

 常用的趨勢指標

- 均線（Moving Average, MA）：用過去一段時間內的平均成交價格計算出一條平緩的走勢線，能夠輕鬆判斷出趨勢。可以將市場上短期的價格雜訊去除，非常適合用來研判趨勢。

- 指數平滑異同移動平均線指標（Moving Average Convergence / Divergence, MACD）：計算股票價格變化的強度、方向、能量和趨勢週期，找出股價支撐與壓力，以把握股票買進和賣出的時機。跟均線相比是屬於較長線的指標，對於長期趨勢的研判更為精準。

- 趨向指標（Directional Movement Index, DMI）：比較市場上升平均幅度、下跌平均幅度和平均波幅三者關係，衡量市場的趨勢強弱，並尋找交易的機會。DMI 是結合趨勢判斷與波動的指標，能夠判斷出趨勢的強弱程度。

動能策略：在波動中靈活衝浪

在價格出現向上的大波動後進場，價格出現向下的大波動後出場。

動能投資策略相較於趨勢策略，對市場的波動反應程度更為敏感，目標是在行情剛開始形成時，就先行切入卡位，進場成本一般會比趨勢型策略還好。

由於單純的動能策略只有考慮到價格的震盪幅度，並沒有參考到價格的漲跌方向，所以需要搭配價格的走勢條件（例如：大漲時只能買進，大跌時只能賣出），才能達到較好的效果。波動會隨著時間而變動，關鍵在如何找到適合當時狀況的波動。

 常用的動能指標

- **標準差（StandardDev）**：為價格分散程度的統計觀念，可以當作價格是否穩定的一種測量。標準差越大，表示漲跌越劇烈，相對地潛在獲利與風險程度亦較大。常見的布林通道，就是以均線加上標準差所得出。

- **真實波動幅度均值（Average True Range，ATR）**：指的是真實的平均股價「波動」區間，ATR 會將前一根 K 棒的收盤價納入波動的考量，所以可以更好地反應出因為跳空缺口所造成的波動。

反轉逆勢策略：猜頭摸底

在股價跌太多出現相對低點時進場，在股價漲太多出現相對高點時出場。這是一般投資人最喜歡的策略。找到相對高低點後，務必嚴守停損，勿與趨勢為敵！

高、低點是根據當下判斷的，若之後持續創新高或新低，須尊重市場，及時停損，一般來說勝率會較趨勢策略來得高。

常用的反轉逆勢指標

- **乖離率（Bias Ratio, BIAS）**：股價和均線的距離，以衡量目前股價偏離移動平均線的程度。均線可以理解成一段時間內所有人的成本價，乖離率就是所有人的平均報酬率。

- **隨機指標（Stochastic Oscillator, KD）**：比較收盤價格和價格的波動範圍，預測價格趨勢何時逆轉。KD 指標十分靈敏，擅長抓趨勢轉折。一般的用法為 K 值 <20 且 KD 黃金交叉買進（由弱轉強），K 值 >80 且 KD 死亡交叉賣出（由強轉弱）。

通道策略：順勢逆勢兩相宜

先定義股價的支撐或壓力*通道，在價格向上突破壓力後，順勢進場或逆勢出場，在價格向下跌破支撐後，順勢出場或逆勢進場。

此策略較類似主觀人工交易的壓力支撐點位判斷，通道策略目標為捕捉到行情慣性改變的趨勢。盤整行情可改為逆勢交易，也就是常常聽到的「抄底」，在股價超跌時逢低買進，在股價回到正常狀態時賣出。關鍵在如何判斷使用順勢與逆勢的切換時間點。

---

* 整盤後，股價沒有明顯的變化，在某個價格區間內來回震盪，這時不讓價格下跌的力量為「支撐」，把價格下壓的力量為「壓力」。

常用的通道指標

- 布林通道（Bollinger Bands）：結合移動平均和標準差的概念，能看出金融工具或商品的價格如何隨時間波動，也能看出價格是否超漲、超跌。當價格高於布林通道上軌代表超漲，價格低於布林通道下軌代表超跌。

- 凱勒通道（Keltner Channel）：基於平均真實波動幅度原理形成的指標，對價格波動反應靈敏。是由均線與 ATR 相加減而成，均線加上 ATR 為凱勒通道上軌，均線為凱勒通道中軌，均線減掉 ATR 為凱勒通道下軌。

籌碼策略：跟著大戶的腳步

分析股票的籌碼面，可以知道主力的資金流向，得知是誰在支撐股價、誰在對股價施加壓力，並藉此推測未來的走勢。

擁有越多籌碼的人，越有能力影響市場。主力是市場上影響力最大的力量，擁有最堅強的研究與操盤團隊，在市場上是長期贏家。散戶在市場中一般是輸家，因此跟散戶反向操作，跟隨主力通常比較容易獲利。

 常用的籌碼指標

- 三大法人籌碼：三大法人指外資、自營商與投信，交易量大，占每日總成交額的一半以上。持有大筆的資金，對於股價的走勢有著巨大的影響。

- **外資籌碼**：外資大都是國外基金或金融機構，不論是成交量還是占台股權重市值，皆為三大法人中最高者。外資重視基本面，操作上以中長線布局為主，重視公司價值與競爭優勢。外資的投資動向和研究報告都被一般投資者視為操作依據。

- **散戶籌碼**：個人投資者。從數據上來看絕大多數的個人投資者長期績效不佳，因此投資時可以與散戶的操作相對，也是一種有效的投資策略。

靈活運用不同策略降低風險

　　程式交易的優勢在於投資組合的多樣性，可以自組不同的策略。大家都知道投資要分散，才能將風險降到最低，程式交易也是相同的道理。通常會用三大方法降低風險：分散策略、分散商品、分散週期。

- **分散策略**：前文提到的各類策略，不同策略所針對的情況和趨勢都不同，擅長分析的行情和賺賠的日子也不同，所以結合不同類型的策略，可以達到互補，讓整體的績效更穩定。

- **分散商品**：不僅是股市，虛擬貨幣、原物料、農產品、債券等交易市場，每種商品都有不同的經濟週期，因此透過多角化的分散，降低投資組合的相關性。

- **分散週期**：一般我們在分析股票時，看的是日線，是以一日的漲幅維度來看。從日線來看可能是盤整好幾週的結果，但是從 5 分 K 線[*]的角度來看，行情卻是暴漲又暴跌，有許多可供交易的機會。

---

[*]　一種記錄某段期間股價的方式，一條 K 線可以說明某期間的開盤價、收盤價、最高價和最低價。極短線操作（例如：當沖）會參考 5 分 K。

因此透過不同的策略，關注不同週期下的股市趨勢，能幫助我們降低投資風險。

技術指標能夠將市場複雜的走勢透過簡單的運算，化為易懂且明確的走勢來判斷。在學習投資的初期，指標可以發揮很大的作用。不只是以上介紹到的指標與策略，基本面與財務數字，也可以視為一種判斷投資的指標。

不過需要特別注意的是，每個指標都有自己所擅長的分析領域，也有各自的盲點。像是基本面的指標可以很好地判斷公司的財務狀況以及體制，不過對於股價的敏感度就沒有技術指標來得高。實務上我們可以透過多個指標的搭配使用，讓投資模型能夠涵蓋多方位的視角。

04 入門程式交易 Q&A

Q1：要選擇哪種程式語言與軟體呢？

市面上有很多專為程式交易而產生的軟體工具，例如：程式交易軟體 MultiCharts 或外匯交易平台 MT4 等。雖然方便，但大多數需要付費。

Python 是開放資源且免費的程式語言，使用情境很廣，不只在程式交易中可以使用，各大領域都有 Python 程式語言的參與，再加上 Python 有許多可以應用在金融相關的套件，可以快速地打造系統，能減輕程式交易入門者的負擔。

Q2：完全不會寫程式，要怎麼開始？

剛開始接觸程式交易時，或許你會覺得沒有程式背景、看不懂語法，怎麼有辦法入門程式交易？也可能會認為需要完全理解程式，才敢開始自動化投資。

其實學程式語言、用程式交易，就像在使用計算機，雖然不能完全理解背後運作的原理，但是只要懂得操作方式和基本數學公式，就可以輕鬆的使用計算機計算數學。因此，可以將程式語言當作在學習一門新語言，學任何一門外語時，都會先從基本的文法開始學起，複製某種文法造句練習對話，學習程式語言也是一樣，從實際操作來寫程式，是最容易學會的方式，學中做、做中學，從最基本、常用的策略語法，一步步熟悉程式語言。

Python 內建現成的程式庫，可以從中找取資源。語法相對簡潔、易閱讀，對於剛接觸程式語言的初學者來說，只要多嘗試、多練習就能輕鬆上手。

Q3：要準備多少資金？如何用最小的成本開始？

股票或期貨等商品，皆可透過程式交易來操作，本書是以股票為主，因此以股票來說明。

台股在 2020 年 10 月開放零股交易，與一般股票交易相比，成本較小。在台灣，1 張股票是 1000 股，又稱做「整股」，若購買 1 ～ 999 股的股票，稱做「零股」。零股交易的成本為什麼較小呢？以台積電（2330）為例，假設台積電的收盤價是 600 元，買 1 張台積電的股票要 60 萬元，但如果只買 1 股台積電只需要 600 元，零股便可以用很低的成本開始股票交易。

剛開始入門程式交易，除了投資的資金，還需要考慮使用軟體的費用，常見的程式交易軟體 MultiCharts 和 MT4，是需要購買或訂閱費用，而 Python 是完全免費。若要入門程式交易，建議準備最小額的交易資金，約幾千元就可以運用程式進行交易，因為初學者初期建立的環境不會很完整，所以需要試錯的空間，等到系統穩定或策略沒有問題後，再逐步放大交易資金。

有時候，某些券商會提供免費的測試帳號，不用準備資金也可以開始程式交易，能用最小的成本操作程式交易。

Q4：電腦設備要很好才能做程式交易？

程式交易的本質是交易，而不是電腦或程式的效能、軟硬體設備、網路環境和程式碼運算效率，這些與交易的績效並不會完全成正比。

雖然電腦效能對績效的影響不顯著，但系統的穩定度，對績效的影響卻相當大，尤其是在大行情發生時，遇到電腦當機或網路斷線，通常會造成不少損失。除非是專業的投資機構，才會需要高效能，可能每年花費上千萬元在提升電腦設備，以資金擴充設備的效能。此舉並非一般投資人可以負擔。

因此選擇穩定的設備才是一般投資人的優先順位，在程式交易中，策略的程式邏輯才是績效的關鍵，策略邏輯不好，電腦效能高，也只是用更快的速度在賠錢罷了。

第 2 章

Python 投資前必備金融常識

05　常見的金融商品

金融商品中，股票是我們最常聽到的投資商品，但其實金融商品相當多元，可以用一個生活化的故事來舉例金融商品間的關聯。

假如我是一個生產草莓的農民，每天都會將採收的草莓拿到市場上販賣。然而草莓的價格受到很多因素的影響，波動變化相當大，可能因為颱風導致草莓受損或產量減少，價格大幅上漲，也有可能因為盛產導致供過於求，價格下跌。

要克服這些問題，可以將草莓加工成草莓果醬，以規避風險，也可以再做變化，將草莓做成草莓冰沙、草莓冰棒等。在大部分的情況下，加工品的價格走勢會貼近原料的走勢，也就是說，若草莓漲價，草莓果醬也會跟著漲價。

草莓是原料，草莓醬、草莓冰沙與草莓冰棒是衍生性的加工品，套用金融的術語，就是衍生性金融商品。以投資工具來說，股票就是原料，也就是現貨，若以股票為基礎，可以加工衍生成期貨，以期貨精神為原料，可以再次加工衍生成選擇權跟權證。

衍生性金融商品是指由利率、匯率、股價、指數所衍生的交易契約。某些實體商品，像是黃金、農產品和石油，也可以加工成衍生性金融商品，不過衍生性金融商品的操作難度比股票還高，風險、報酬也相對較高，衍生的程度越複雜，難度就越高（見圖表 2-1）。

▲ 圖表 2-1　風險與報酬是對等的

基金：集合眾人資金共同投資

　　基金由多種不同的投資標的所組成，根據其中標的物的不同，每檔基金也不盡相同。最常見的基金投資標的物為各國股票，如：台灣大型股票、台灣電子股等。

　　基金的公開說明書就如同自我介紹的文件，其中會寫上此基金的標的物，每檔基金的主題皆不同，例如：「台灣 50」是取台灣市場中最大的 50 家股票，「美國科技基金」指投資美國股票中的科技股。

　　基金的存在和好處，用水果舉例能清楚了解。如果把投資標的比喻成不同種類的水果，那基金就是綜合水果拼盤。如果想吃好幾種水果，可能有人會認為可以每種都買一顆回家自己切，不僅不用讓水果攤多賺一手，還比較便宜。但是這樣做有一個前提——錢要夠多，而且買的每一種水果都要吃得完，因此要能夠吃到多種水果，又不會花太多錢，綜合水果拼盤就是經濟實惠的選擇。同理，基金只需要花少少的錢，即可享有多種不同的組合。

　　基金是集合眾人資金共同投資的一種工具，將一群人的錢集中後，交由專業的人來投資，可以省去選股的時間，也可以用小額的成本，享用基金公司專業研究團隊的研究成果。

ETF：投資一籃子的股票

　　ETF（Exchange Traded Funds）全名是指數股票型基金，屬於基金的一條小分支。一般型的基金屬於主動管理，透明度比較低，是由基金經理人依照基金的準則，再加上個人或是團隊的判斷，選擇基金內的標的

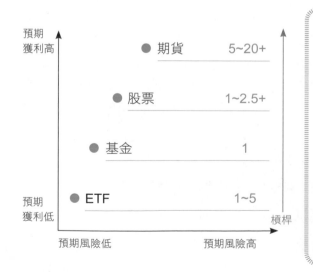

金融槓桿

指用多少錢操作多少價值的金融商品，例如：

- 以 100 元操作 100 元的金融商品→槓桿 =1
- 以 10 元操作 100 元的金融商品→槓桿 =10

槓桿是雙面刃，能讓你快速致富，也能讓你快速破產。

▲ 圖表 2-2　各金融商品對應的金融槓桿

與買賣時機。ETF 主要是被動管理，像是台灣 50（0050）就是買進台灣股票市場中前 50 大的股票做為基金組合。ETF 相較於主動型基金透明度高，交易成本也比較便宜。

期貨：難度高的金融商品

期貨為難度較高的金融商品，不建議初學者接觸。

期貨是在現貨加上到期日衍生出的金融商品。現貨就猶如股票，買進後可以一直持有，沒有到期日。不過期貨有結算日，到了那天會強制結算計算損益。

期貨是一種契約，約定我們可在某個時間，用某個價格買進某個現貨商品，常見的種類有：棉花或小麥等農產品，金或白銀等金屬，也含汽油、原油等能源，以及國債等金融期貨。

股票：成為一家公司股東的證明

股票是你擁有這間公司的證明，持有股票代表這間公司的一部分是你的。

若持有某公司的股票，就能成為該公司的股東。股票可以行使股東權力，例如：可以參與公司重大決策的表決、收取股息或分享紅利。

企業可以透過發行股票來募集資金，假設我準備了 100 萬元開一間飲料店，但是需要更多營業資金擴大營業據點。為了募資，其中一種做法就是發行股票。如果找到 4 個人，每人各出 100 萬元，加上原有的 100 萬元，總共有 500 萬元，企業就有資金擴張店面，那這間飲料店的股東包括我就有 5 個人，每個人都擁有這間公司 20％的股份。

　　股票的發行數量有限，因此持有的張數越多，表示對公司決策的影響力越大，所分配到的紅利也會越多。以飲料店的例子來說，股份由各股東平均持有，因此公司獲利所分配的紅利，會由 5 個股東各分得 20%。

　　如果你認為某間公司不錯，可以持有他們的股票，當這間公司賺錢，就會間接分配一定比例的紅利給持股人。

　　每個金融商品都有它的特性以及優勢，最穩健的方式便是定時定額投資 ETF，可以有效地跟隨整體股票市場的報酬。但如果你有餘力想多做功課，增進自己的投資效益，那股票便是很好的入門選擇。

　　股票選擇性多，從電子股、金融股、傳統產業股、生技股等，各個產業的興衰週期與淡旺季皆不相同，可以透過選股模型找出當下最適合的標的。

　　然而，在台灣股票市場的股票有數千檔，每個人的金錢與時間有限，勢必得篩選較優質的股票標的，下一節將與大家分享投資大師們的選股方法。

06　價值投資首重公司價值

　　投資的方式十分多元，最常見的可以大略分成三類：基本面分析、技術面分析與籌碼面分析。價格面分析包含研究技術指標、K 線型態與價格的壓力支撐。籌碼面分析則是調查該股票背後的買賣家與持有者，抽絲剝繭推理出價格的漲跌因素。

　　各種投資方法中，「價值投資」是最著名也是最多人有興趣的方法，為一種根據基本面分析做決策的投資方法，會運用營運財報資料做分析，網路上可以查到各大公司的財報資料，若有需要可以至公開資訊觀測站（見圖表 2-3）查詢。常被拿來分析的財務數據包含：稅後淨利、營收、本益比*、股東權益報酬率（ROE）†等，針對這些項目深度分析，找出優質且被低估的股票。

▲ 圖表 2-3　公開資訊觀測站官網

---

*　價格除以每股盈餘（EPS）。
†　公司運用自有資本的賺錢效率，ROE 越高代表公司為股東賺回的獲利越高。

投資大師實證的價值投資法

許多頂尖投資大師實證，價值投資長期下來有不錯的獲利表現。著名的價值投資大師包含葛拉漢（Benjamin Graham）、巴菲特（Warren Edward Buffett）、查理・蒙格（Charles Thomas Munger）、彼得・林區（Peter Lynch）等人。這裡就跟大家分享他們的選股方法吧！

葛拉漢是巴菲特的老師，他認為選股應該要選盈餘成長、配息穩定、流動比率高、本益比低、股價淨值比低的股票，同時需要考量安全邊際（Margin of Safety），這是價值投資者做投資決策的關鍵。

安全邊際指的是股票價格與內在價值的差異。舉例來說，當你針對某檔股票進行基本面分析，估計出它的內在價值，發現目前的股價比內在價值貴太多了，因此選擇耐心等待價格回跌後再進場，以降低潛在的損失幅度。

巴菲特是大家最熟知的投資大師，他將老師葛拉漢的投資方法發揚光大，並與查理・蒙格合夥開創事業。雖然他們沒有公開明確的選股法，但從訪談、股東信的資訊，大致可以歸納出幾項選股標準：股東權益報酬率高、毛利率高、辨別企業的競爭護城河[*]、耐心等待價格回跌安全邊際。

前文提到的價值投資大師，雖然選股方法各有不同，但是萬變不離其宗，基本上圍繞在兩個選股標準：「獲利能力優質」且「便宜」。

若你想要像這些大師一樣進行價值投資，或是想利用基本面挖掘潛力股、轉機股[†]和波段飆股，不能只用本益比判斷，或只看本益比成長或衰退就殺進殺出，需要提升分析的深度，才能買到既優質又便宜的股票。

---

[*]　企業擁有同業競爭對手難以模仿或超越的優勢，可以穩固市場地位，使企業長期生存。
[†]　基本面不佳的股票，但是如果營運好轉或環境轉佳，預期未來能漸入佳境的股票。

07　被動收入與複利的威力

　　投資最忌諱急功近利，在進行投資決策時，擔心錯過行情急於進場，或擔心獲利回吐早早離場，這些決策若沒有考慮清楚並錯失主升段[*]行情，事後只能為失敗的交易後悔。

　　「讓時間做你的好朋友」，是複利投資的核心概念，指的是將風險控制在合理水位下，讓投資隨時間發酵，財富自由的目標便會水到渠成。

　　為了達到個人的投資目標，量化通推薦使用程式化的方式，比如說運用 Python，可以直接用程式理財或輔助投資，同時能降低個人情緒的干擾，提升投資成功率。

什麼是複利？

　　在日常生活中，複利的概念最常出現在銀行存款，指的是將利息收入納入本金讓它利滾利。投資上也可以借用此概念，把投資獲得的利潤納入本金繼續投資，讓錢幫我們賺錢，加速財富的成長。

---

[*]　短期內股價最主要的上漲時間點。

按照這個說法，無本當沖[*]不就是複利的極致嗎？先不論無本當沖的技術夠不夠厲害，如同一開始我們所說，複利投資的前提，必須是將風險控制在合理水位下，否則只是加速滅亡。

降低資產回撤的損失幅度，是提升投資理財複利效果的一大關鍵。虧損幅度對複利成長的影響，是簡單的計算問題。如果帳戶虧損 5％，需要用剩下的錢賺 5.26％才會讓帳戶回到初始本金。如果帳戶虧損 20％，則需要用剩下的錢賺 25％才能回到初始本金。

 虧損幅度對複利成長的影響

> 假設本金為 10,000 元，虧損 5％後帳戶餘額為 9,500 元，需要賺 500 元才能使帳戶回到水平線 10,000 元。我們需要用 9,500 元的本金賺 500 元，因此所需要的獲利率為 500÷9,500 = 5.26％。
>
> 假設本金為 10,000 元，虧損 20％後帳戶餘額為 8,000 元，需要賺 2,000 元才能使帳戶回到水平線 10,000。我們需要用 8,000 元的本金賺 2,000 元，因此所需要的獲利率為 2,000÷8,000 = 25％。

注意到了嗎？若帳戶虧損 20％要回到損益兩平，需要多賺 5％，難度肯定是比虧損 5％的帳戶要回到損益兩平高得多。極端一點，試想帳戶內的本金腰斬剩一半，需要用剩下的錢翻倍賺多少才會回到損益兩平？

在股災來臨的時候，股價腰斬是很平常的事，就算不是投資股票，投資高收益債券、南非幣、黃金、原油等不同類別的資產，風險也不一定比股票小。

---

* 不準備本金，僅靠當日買進、賣出股票，賺取其中價差。

　　因此，想要避免手上的投資蒙受難以承受的損失，就是多了解各種標的。切入的角度有百百種，有人玩轉技術分析，有人擁護價值投資，有人運用資產配置進行長線投資。

　　但萬變不離其宗，就是先減少損失，才有條件談創造報酬。

選擇 Python 理財提升複利

　　在沒有手動干預交易程式運行的情況下，用 Python 理財可以降低個人情緒的干擾，控制住虧損風險，只要你設定的投資邏輯經得起考驗，長期下來就能創造正報酬，穩健成長累積資本，享受複利的效果，若想知道複利的威力，72 法則便是一個可以簡單推算的方法。

　　用 Python 投資，還可以輔助我們多了解投資標的，多方面的掌握投資理財的關鍵，更深入到知識層面，比如說：運用 Python 驗證哪些因素是股票市場崩跌的前兆，並且在股市崩盤時，有哪些資產可以提供避險。也可以利用 Python 挑出當天值得關注的股票，進行深入的研究分析。

　　這些應用 Python 的方式，最主要的目的是讓我們更了解自己的投資，知道每一筆交易最大的風險在哪，這才是對投資負責任的表現。

✅ 72 法則試算複利效果的迷思

72 法則是一種概略估算複利效果的方式，計算若以某個固定報酬率複利投資，幾年可以達到翻倍。

計算方式：翻倍所需年數＝ 72 ÷ 年報酬率

例如：投資高收益債券每年報酬率 6%，只要維持 12 年就可以讓本金翻倍。

→ 72÷6 ＝ 12

以投資股票指數 ETF 為例，投資 ETF 年報酬率約為 10%，透過 72 法則，可以估算出投資 ETF 平均 7.2 年可以翻倍。

→ 72÷10 ＝ 7.2

不管做任何投資，都不是每年穩定獲利。依照 72 法則，假設每年獲利 10%，利滾利 7.2 年會翻一倍。實際上的投資報酬率，會在行情看漲的年分大賺 30%，經濟危機時下跌逾 30%。

也就是說，投資的過程會比預先設想得還要更崎嶇不平，72 法則沒有考慮到投資過程的起伏，只是剛好數學上的特性能計算複利成長的速度，跟實際投資時所面臨的狀況，有相當大的落差。

第 3 章

從零開始，入門 Python

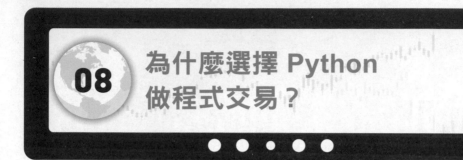

08 為什麼選擇 Python
做程式交易？

新手入門學習程式語言時，最常碰到以下幾個問題：

1. 完全看不懂程式？

2. 程式的環境是什麼？怎麼安裝？

3. 怎麼撰寫？如何編譯？編譯又是什麼？

4. 程式的邏輯與語法好多，要怎麼記住？

5. 學會簡單的運算，但距離想實現的功能還好遠？

為了解決種種問題，看了眾多的書、詢問許多人，得到的答案五花八門，聽完覺得似乎懂了，又有模糊之處，腦袋變得更加混亂複雜，最後只好放棄。

在入門程式前，大家一定會到處打聽哪個程式最好用，根據自己想達到的效果，分析最適合用的程式，不過新手學習程式時，應該以最簡單能夠入門為優先。

程式邏輯就像是泡茶，熱水加上茶葉就能泡出一壺熱茶，至於泡多久、用什麼茶葉、用哪種水都是其次，對於新手而言，知道如何煮開熱水，並把茶葉丟進熱水，泡出一壺茶即可。

寫程式也是一樣，了解如何下載和安裝軟體，建置出程式環境，並實際寫出屬於自己的程式語言，這些過程對新手來說，就是最大的成就。因此學習程式語言，可以先學會複製程式碼邏輯，再慢慢練習上手。

Python 是程式中相對容易入門的語言，對於想進入程式交易的人來說，這項優點是一大助力。除此之外學習 Python 在許多場合都可以派上用場，不僅可以投資交易，也能將爬蟲應用在生活中，更能增進職場上的輔助技能。

Python 的三大優勢

電腦程式設計語言種類眾多，在如此多元的程式語言中，如果以書法來比擬，C++、JavaScript 就有如楷書般嚴謹、有條理，Python 就有如草書，想怎麼寫就怎麼寫，相較之下更為自由奔放。Python 有著簡單、直白、好上手等優勢，讓新手在實際使用時，可以無痛入門，因此建議程式初學者學習 Python。

豐富的生態系

「生態系」指的是大家對程式的討論程度。討論程度越高的程式，當實際操作遇到問題時，就有越多人可以一起討論解決。前人栽樹，後人乘涼，若有 100 位新手在某個操作上碰到問題上網發問，總會有被回答到的問題，但是比較冷門或生硬的程式語言，可能只有少數的人在使用並提出疑問，得到解答的比例也會比較低。

多樣且完善的套件

Python 可以說是程式的四次元百寶袋，所有新手需要的基本功能，都有套件可以支援。

套件的概念，就像是想點火時，可以選擇使用鑽木取火或打火機，而 Python 配備的套件相當於已經點好火的打火機，可以直接煮飯。所以新手進入程式的第一步，選擇好用、簡單、生態系豐富又擁有完善工具套件的程式語言，就是事半功倍的做法。最後再以寫出程式的成就感，支撐自己繼續堅持下去。

量化分析、視覺化報表、圖形化介面一手包辦

除了有大量的入門套件與豐富生態系，Python 還是資料分析的首選程式。

Python 使網路爬蟲技術更加普及且容易使用，資料取得變得輕鬆，加速資料分析的步驟。再加上對應不同程式的套件多，無論是用 csv、json、sqlite，還是常見的 Excel、Word、Google sheet、Google doc 的資料儲存方式，Python 都有對應的套件可以運用，大大提升資料蒐集與儲存的優勢。Python 也能藉由 Numpy、Pandas 這類數據分析套件，輕鬆完成所有基本的數據分析。當然，若需要更高階的數據分析，也有對應的套件能夠導入並實作。

各種層面的入門門檻皆不高，無論是視覺化的報表還是圖形化介面，Python 都能一手包辦。功能相當齊全，也皆是免費提供，輕而易舉地成為量化分析上的首選。降低程式門檻、專注於數據分析，才是量化交易的重點！

09 從零開始安裝 Python 全圖解

　　撰寫程式之前，第一步是安裝 Python。進入 Python 官網後，若電腦是 Windows 10，可直接點選首頁的 Download 下載 Python。如果電腦是其他系統，到下載專區可以下載到相對應的版本。建議使用 3.7 以上的版本，某些較新的套件，只支援 3.7 以上的版本（本書使用的版本為 3.10.1）。

▲ 圖表 3-1　進入 **Python** 官網

　　下載後，按右鍵使用管理員身分開啟。在安裝前要將「Add Python 3.10 to PATH」打勾（見圖表 3-2 紅框處），這是將 Python 添加到

Windows 環境變數[*]中很重要的步驟，接著按下開始安裝（Install Now）。

▲ 圖表 3-2　按下 Install Now 開始安裝

選擇適合自己的開發環境

　　整合開發環境（Integrated Development Environment, IDE），顧名思義就是整合程式開發的多種功能，結合傳統程式的語言編輯器、編譯器、函式庫、除錯（debug）、儲存指令等功能，讓使用者可以用更直覺的方式，簡單又便利的撰寫程式。

　　開發環境可以讓使用者在寫程式時，更快速、更便捷的管理與查找程式碼。IDE 的使用情境很多，未來程式越寫越多，若不使用 IDE，在很多外部程式或大型專案中，很難跟多數人做專案協作。IDE 也能多方面的應用，如：幫助程式碼的管理、快速除錯、編輯、查找、環境建置、接觸更多他人撰寫的套件等，因此撰寫程式交易的程式時，運用 IDE 會方便許多。

---

* 為動態命名的值，能影響電腦上已執行的程式之行為方式。

如何挑選適合自己的 IDE ？

如何挑選 IDE，大家各執一詞，取決於每個人的需求及費用是否可以負擔。各家推出的 IDE 都有自己的優勢和善於解決的問題，但這些問題剛入門的新手其實不太會遇到，初期我們會用到的功能，幾乎每一種 IDE 都能夠滿足需求。本書選擇以 Pycharm 當作範例，後文會提到如何安裝和使用。

IDE 與 Python 內建 IDE 的差別

Python 有內建的 IDE，雖然使用上較為方便快速，但功能相對比較少、比較簡單。可以想像使用 Windows 記事本和 Microsoft Word 編輯文章的差異。如果只是要學習最基礎的程式編輯，可以從 Python 內建的編譯器開始練習。但本書希望能讓人家透過 Python 操作程式交易，所以建議使用套件較豐富的開發環境 Pycharm。

方便好用的 Python 開發環境 —— PyCharm

PyCharm 是由軟體公司 JetBrains 開發的 IDE，主要用於 Python 程式語言和網站開發，也是在學習 Python 中，熱門的 IDE 之一。PyCharm 提供的功能完整且多樣，像是程式分析、介面化工具、各類測試工具和整合式版本控制系統等，支援的平台廣泛，有三種版本：Windows、macOS 和 Linux。

PyCharm 提供付費的商用版（Professional）跟免費的大眾版（Community），建議初學者使用大眾版熟悉操作流程。本書中用的是 Windows 的 Community 版本。

在程式交易中特別選擇 PyCharm 做為開發環境，便是看中它有免費版本、生態圈廣泛、又能夠快速生成 Python 環境套件的優點。使用 PyCharm 相當便利，除了執行方便，環境和套件管理、除錯或基本編譯環境，都有介面可以直接操作，初學者可以省去很多設定上的困難。

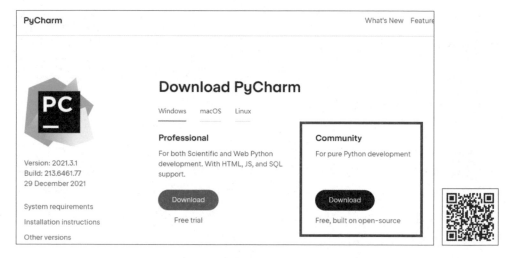

▲ 圖表 3-3 　免費下載大眾版 PyCharm

下載 PyCharm，建置專案寫第一支程式

下載後，對檔案按下右鍵，選擇以系統管理員身分開啟。安裝時，將圖表 3-4 中標出紅色框的選項打勾，表示將 PyCharm 添加到 Window 環境變數，並同意開啟「.py」的檔案為主。其他步驟以預設選項安裝即可。

安裝完成後，打開程式的畫面會是黑底（見圖表 3-5）。建議在撰寫程式時，以黑底為主，對眼睛的負擔比較不會太大（本書因白底呈現比較清楚，所以後續圖片會以白底做解說）。點選符號＋（New Project）建立新專案。

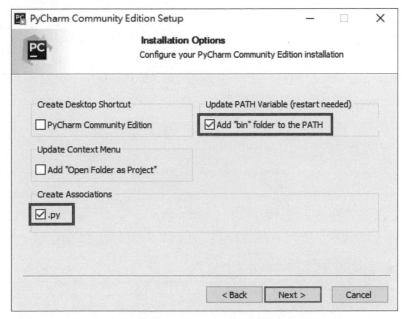

▲ 圖表 3-4　安裝 PyCharm

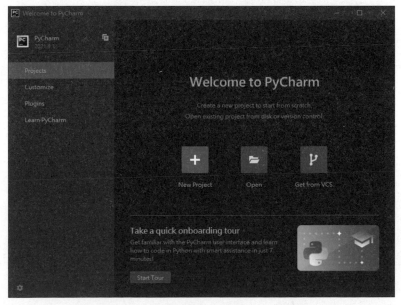

▲ 圖表 3-5　開啟 PyCharm 初始畫面

PyCharm 小技巧

如果要更換背景顏色，在初始畫面點選「Customize」，選擇「Color theme」，也可以進到編輯畫面，選擇「File」>「Settings」>「Appearance & Behavior」>「Appearance」，就可以換成自己習慣的背景。

新建立的專案預設名稱都是「pythonProject」，可以改為自己方便管理的名稱（見圖表 3-6）。存放路徑為預設，最後點選完成（Create）。

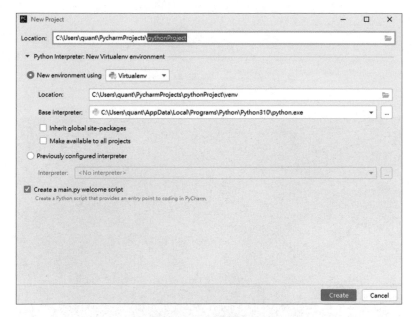

▲ 圖表 3-6　建立新專案

開啟專案後的畫面如圖表 3-7，左側是專案目錄區、中間是程式撰寫區，下方是執行程式的事件紀錄與結果運算區。

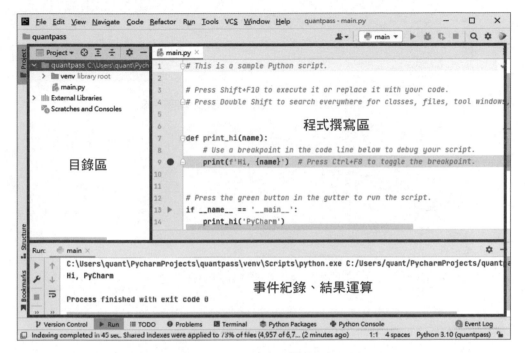

▲ 圖表 3-7　開啟專案後的畫面

接下來，可以建立新檔，撰寫第一支程式。右鍵點擊目錄區中剛剛設定的專案目錄，點選 New>Python File（見下頁圖表 3-8）。在跳出視窗中輸入檔案的名稱，再點選一次下方的 Python file（見下頁圖表 3-9）。

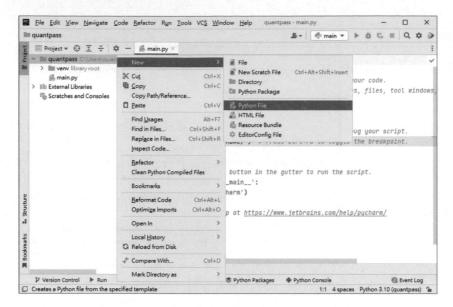

▲ 圖表 3-8　點擊專案目錄點選 New>Python File

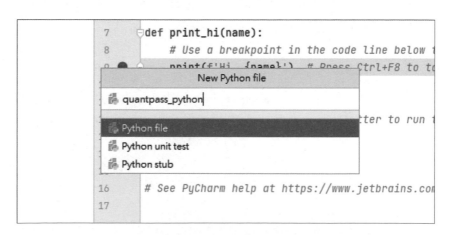

▲ 圖表 3-9　輸入檔案的名稱，再點選下方的 **Python file**

　　Python 的副檔名都是以「.py」結尾（見圖表 3-10）。建立檔案後，就可以在專案目錄下看到剛剛新增的「名稱 .py」的檔案。在右方空白的程式撰寫區，輸入 print("Hello Python!")，這個指令的意思是，輸出雙引號內的文字「Hello Python!」。

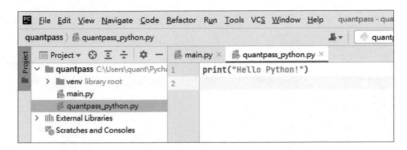

▲ 圖表 3-10　副檔名以「.py」結尾

有三種方式可以讓 Python 執行程式指令：

1. 右鍵，點選「Run '專案名稱'」，如圖表 3-11。

2. 按 Shift+F10。

3. 點擊右上角綠色箭頭。

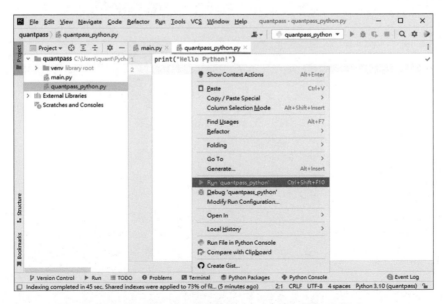

▲ 圖表 3-11　點選「Run」可以執行程式指令

當結果運算出現「Hello Python!」，就成功完成第一支程式碼了（見圖表 3-12）。

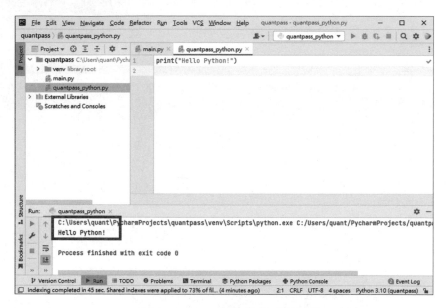

▲ 圖表 3-12　成功跑出運算結果

10　快速上手 Python 基本語法

　　安裝好相關程式和工具之後，我們就可以進一步學習 Python 的程式語法。如同前文舉的案例，為了讓電腦輸出「Hello Python!」，會需要用到程式語法「print()」。我們藉由輸入相對應的指令給電腦，讓它接收、理解並執行指令。

　　本書會用大量的範例來介紹程式語法，如果死背程式碼的規則，很容易會感到無聊厭煩，要是實際操作，感受運算出結果的成就感，對學習會很有幫助，也會提高效率。

　　「程式碼好多要怎麼記？」這是新手常常會遇到的問題之一。跟大家分享心得，要記住的不是程式碼，而是功能，了解這條程式碼的功能是什麼？可不可以幫助自己完成事情？當然記下越多的程式碼，在寫程式的時候會快很多，但在學程式的初期，這樣很容易就會感到挫折而放棄。

　　學外語是為了到國外可以溝通使用，本書教程式是為了運用在程式交易，可以快速達成個人的投資目標。程式語言根據所需的功能會不斷地延伸、發展出新函數，遇到錯誤或忘記某個語法，只要上網搜尋，或是再翻開本書就可以囉！

　　以下圖表 3-13 簡單整理 Python 常用名詞，讓大家對程式語法有初步概念：

常用名詞	說明	範例
print	輸出，檢視程式運行的結果，也稱為印出。	`print("Hello Python")`

註解	做為紀錄程式碼含義的筆記，電腦不會讀取和執行這裡的文字。可以針對所撰寫的程式碼做說明。井字號為單行註解，如果整段都是註解，可以使用三個單引號或三組雙引號。	• `#單行註解`
		• `'''多行註解`
		　`多行註解'''`
		• `"""多行註解`
		　`多行註解"""`

縮排	Python 中使用縮排（Tab 鍵或空白鍵）來表示這是同一個區塊的程式碼。尤其在使用 if、for、def 等程式中都需要。	`a = 10`
		`if a > 5 :`
		　`print("Yes")`

SyntaxError	程式語法的錯誤提醒。	常見的錯誤像是少打一個括號、打錯程式

變數	幫資料取一個代稱，使用「=」表示兩邊是相同的內容。	`a = 123`
		`b = 6.66`
		`c = "567"`

資料型態	基本的資料分類可以分為文字、數字、布林值和裝文字或數字的容器。	`a = "我是文字"`
		`b = 123`
		`c = True`
		`d = [123,"文字"]`

基本運算式	資料的數學運算。	`a = 10`
		`b = 5`
		`print(a + b)`
		結果：`>>>15`

關係運算式	數值資料的大小比較。	`a = 10`
		`b = 5`
		`print(a > b)`
		結果：`>>>True`

（續下頁）

常用名詞	說明	範例
邏輯運算式	資料之間的邏輯關係，包含 and（且）、or（或）、not（否）等。	a = 10 b = 5
布林值	判斷條件是否符合，提供 True（是／對）或 False（否／錯）的回覆。	c = 3 print(a > b and a > c) 結果：>>>True
input	由使用者輸入資料給程式。	Name = input("請輸入您的大名")
pip	安裝外部工具套件。	pip install pandas
import	導入內部程式模組。	import pandas as pd
迴圈	讓程式重複的執行指令，直到條件滿足。分成 for 跟 While 兩種形式的迴圈。	a=[123,666] for i in a: print(a) 結果：>>>123,666
函數	為了後續操作能重複使用，用程式定義常用功能。Python 內分為內建函數和自訂函數。	a=[1,2,3] print(max(a)) 結果：>>>3

▲ 圖表 3-13　**Python 常用名詞**

變數，幫資料命名

Python 的程式語法中，主要是由「資料」和「運算」組成。變數就是乘載資料的容器，可以理解為，我們替某個資料命名一個簡短的代稱，透過「＝」賦予等號兩邊同樣的值，也就是「賦值」。例如：在 a=3 的式子中，a 就是變數，之後只要輸入 a 就會代入 3。

在命名變數時，有幾個規定需要注意，變數的第一個字母要用英文，之後可以搭配數字，例如：a1。若以 1a 命名變數，就會無法使用。

在命名變數時，若用到兩個以上的單字，建議用底線「_」來區隔，例如：quantpass_run。也可以根據使用目的命名，除了比較好閱讀外，未來維護語法時，也比較不會頭昏眼花。

✅ Python 變數使用範例

a = "123"

b = '123'

c = 1

quantpass_run = True

NAME = " 程式交易 "

把資料分門別類的資料型態

資料型態的種類

Python 的資料型態可以分為 4 種，皆可指派到變數中，分別是文字（str）、數字（int、float）、布林值（bool）和容器（list、dict 等）。文字和數字是較為常見的資料型態，容器的資料型態，可以同時儲放各種資料，後面的內容會詳細解說，並用範例來示範。

4 種資料型態用表格來說明，請見圖表 3-14：

資料型態	英文（縮寫）	說明
文字／字串	string（str）	使用單引號（'Hello'）或雙引號（"123"）表示，皆屬於文字的型態。
數字	integers（int）	整數，如：0、1、2、3 等。
	float	浮點數，有小數點的數值，相除的結果都會是浮點數，如：1.0、2.5、6.66 等。
布林值	boolean（bool）	布林的資料型態只會有 True 和 False 兩種結果。另外，要注意布林值的開頭字母必須為大寫。
容器	list	串列，可以儲放多筆資料的資料型態，以序列方式呈現。使用中括號 [ ] 表示。
	dictionary（dict）	字典，可以儲放帶有索引值的資料型態，使用大括號 { } 和冒號：呈現。

▲ 圖表 3-14　4 種資料型態

資料型態的檢查

　　使用 Python 爬取資料時，很容易遇到資料格式不統一的問題，導致資料無法被程式正確解讀。以台積電的股票代號 2330 為例，2330 實際上代表的是一個字串，而不是數字，但電腦會判別它屬於一個整數（int），因此在跑程式時，會非常容易出錯。若資料的型態不同，便無法做運算，所以遇到類似的狀況時，需要先了解並確認變數的型態是什麼，才可以做下一步處理。

　　我們可以使用「type()」來檢查資料的型態，括號中放入變數。以下舉例說明：

範例程式碼

```
a = 123
b = 6.66
c = '2330'

print(type(a))
print(type(b))
print(type(c))
```

結果

```
<class 'int'>      # 資料型態為整數
<class 'float'>    # 資料型態為浮點數
<class 'str'>      # 資料型態為文字
```

3 種常用的字串使用方式

以下針對字串的資料型態舉例。

文字無法做運算，只能用加號「+」來疊加字串，也可以乘上數字「*n」複製字串，若使用其他運算方式操作，容易會出錯。

1. 使用加號「+」串接不同的文字資料。

範例程式碼

```
a = 'quant'
b = 'pass'
print(a + b)
```

結果

```
quantpass
```

2. 使用乘號「*n」重複文字資料。

範例程式碼

```
a = 'Hi'
print(a*2)
```

結果

```
HiHi
```

3. 使用「in」查詢文字裡面是否包含某些字符。

範例程式碼

```
a = '學習程式交易'
print ('程式' in a)
print ('Python' in a)
```

結果

```
True        # 變數a裡面有包含「程式」這兩個字
False       # 變數a沒有包含Python
```

資料型態的轉換

在處理資料時，只有相同的資料型態才能做運算，所以要運算前，會先將資料轉換成需要的型態，圖表 3-15 是 Python 的型態轉換函數。

語法	型態轉換
str(變數)	轉換類型為文字 str
int(變數)	轉換類型為整數 int
float(變數)	轉換類型為浮點數 float
bool(變數)	轉換類型為布林值 bool

▲ 圖表 3-15　**Python** 的型態轉換函數

不同的資料型態無法相加。若變數 a 是文字，變數 b 是數字，在沒有進行型態轉換的情況下做運算，程式會出現錯誤訊息。

範例程式碼

```
a = ' 今日股價 '
b = 600
print(a+b)
```

執行出現錯誤。

結果

```
TypeError: can only concatenate str (not "int") to str
```

因此，若要相加兩者，要將 b 轉為字串。

範例程式碼

```
a = '今日股價'
b = 600
print(a+ str(b))
```

結果

今日股價600

Python 運算式

　　前文我們介紹了幾種文字資料型態常用的方式。文字資料型態使用一般的運算方式，會出現錯誤訊息，但是數字資料型態，就可以使用＋、－、×、÷ 來運算。只要是數字，無論是整數、浮點數、負數，都可以直接進行運算。以下分成「基本運算」、「關係運算」和「邏輯運算」一一說明。

基本運算式

1. 四則運算：加「+」、減「-」、乘「*」、除「/」。

2. 特殊算法：取商數「//」、取餘數「%」、次方「**」。

範例程式碼

```
a = 100
b = 2.5
c = 7
```

```
print(a + b)
print(a - b)
print(a * b)
print(a / b)
print(a // c)
print(a % c)
print(b ** 2)
```

結果

```
102.5      # 100+2.5=102.5
97.5       # 100-2.5=97.5
250.0      # 100*2.5=250.0
40.0       # 100/2.5=40.0
14         # 100/7=14.2857，整除，取商數14
2          # 100/7=14.2857，取餘數2
6.25       # 2.5的次方為6.25
```

關係運算式

關係運算式可以理解為數值間的大小關係，運算結果可用布林值「True」或「False」呈現。

在 Python 語法中有一個很重要的觀念，過去我們習慣使用的等於「＝」，在 Python 中代表設立變數，因此如果要表達資料間關係和運算結果相同，要使用兩個等於「＝＝」，結果不相同則使用驚嘆號加等於，以「！＝」符號表示不等於。

Python 中「=」不是等於

a = 2 b = 2 變數 a 為 2，變數 b 為 2， 一個「=」是賦值。	2+2 == 4 2 加上 2 等於 4 為數學運算， 兩個「==」是等於。

範例程式碼

```
a = 100
b = 50
c = 20
print(a > b)
print(a < b)
print(a == b)    # 兩個等於指運算結果相等
print(a != b)    # 驚嘆號加上等於，表示結果不相等
print(a >= b)
print(c <= 20)
print(c <= 19)
```

結果

```
True        # 100 大於 50
False       # 100 小於 50
False       # 100 等於 50
True        # 100 不等於 50
True        # 100 大於等於 50
True        # 20 小於等於 19
False       # 20 小於等於 19
```

邏輯運算式

邏輯運算和接下來會講到的條件判斷息息相關。邏輯運算式包含以下幾種：

1. and（和、且）。

2. not（否、非）。

3. or（或）。

範例程式碼

```
a = 10
b = 5
c = 3
print (a > b and a > c)
print (a > b or a > c)
print (not a < b)
```

結果

```
True
True
True
```

條件判斷，不是 A 就是 B

在 Python 中，條件判斷式是很常用到的指令，透過 if、else 執行。條件判斷就像一道選擇題，在我們的日常生活中也很常使用，如果發生什麼，就怎麼做，如果沒發生什麼，又該怎麼做。同理，在程式語言中，如果對變數們用判別式進行判斷，若符合條件就執行 A 選項，不符合條件就執行 B 選項。

if、else 使用方式

條件判斷式 print 執行時，要使用縮排（Tab），告訴程式 print 在條件式底下，屬於同一區塊的內容。另外，要記得 if、elif、else 語法的結尾處要加上半形冒號（:）。

範例程式碼

```
a = 10
b = 5


if a >b:
 print('1')
elif a <b:        #多重條件要使用elif，做為條件增加
 print('2')
elif a ==b:
 print('3')
else :
 print('no')
```

結果

```
1
#這裡使用了4項條件判斷：如果a大於b輸出1，a小於b輸出2，a等於b輸出
  3，以上皆非輸出no
```

使用 and、or、not 增加條件，讓程式更多元。

範例程式碼

```
a = 10
b = 5
c = 2

if a>b and a>c:
 print('1')
else :
 print('2')
```

結果

```
1
```

容器資料型態：串列 list

串列是 Python 中很常用到的資料型態。跟名稱「list」一樣，像是一張清單，可以儲放文字、數字、甚至是另一個串列資料。

串列 list 基本概念

用 Python 撰寫程式時，有很多種寫法都可以得到同樣的結果，達成需求。串列 list 要用中括號 [ ] 將資料裝起來，其中可以是數值、文字，也可以放入另外的 list。

程式碼邏輯

變數名稱 = [資料 , 資料 , [資料 , 資料] ,]

以「,」區分串列中的資料，可以想像成一句話中的逗號，讓程式碼知道這是不同位置的內容，便於呼叫與使用串列內的資料

　　串列在使用上是以位置順序辨別資料，所以使用串列時，需要了解資料的位置。在許多程式語法中，第一個位置是從 0 開始計數。

a = [123, 4.56, '台積電', '2330', 666]					
串列	a	123	4.56	'台積電'	'2330'	666
資料位置	0	1	2	3	4

▲ 圖表 3-16　串列 list 的資料位置概念

範例程式碼

```
a = [123,4.56,'台積電','2330',666]
print(type(a))
print(a)
```

結果

```
<class 'list'>
[123, 4.56, '台積電', '2330', 666]
```

串列 list 的基本使用方式

1. 查詢或取得資料串列中第 n 個位置的資料。位置的數值要使用中括號 [ ] 框起。

範例程式碼

```
a = [123,4.56,'台積電','2330',666]
print(a[0])
print(a[3])
```

結果

```
123
2330
```

2. 取得串列資料，例如：讀出位置 0 到位置 3 前的內容。

範例程式碼

```
a = [123,4.56,'台積電','2330',666]
print(a[0:3])
```

結果

```
[123, 4.56, '台積電']
```

3. 刪除指定資料，以「del」刪除位置 0 到位置 3 前內容，也就是刪除位置 0、1、2 的資料。

範例程式碼

```
a = [123,4.56,'台積電','2330',666]
del a[0:3]
print(a)
```

結果

```
['2330',666]
```

4. 查詢資料在串列中為第幾個位置。

範例程式碼

```
a = [123,4.56,'台積電','2330',666]
print(a.index('2330'))
```

結果

```
3
```

5. 用「len」查詢串列中的資料數量。

範例程式碼

```
a = [123,4.56,'台積電','2330',666]
print(len(a))               # 查詢 a 的資料有幾筆
print(len([123,4.56,'台積電']))    # 查詢 [ ] 內的資料共有多少筆
```

結果

```
5
3
```

6. 查詢串列中最小或最大的數值（僅限定於數值資料）。

範例程式碼

```
a = [123,4.56,666]
print(min(a))      # min 可以找出最小值
print(max(a))      # max 可以找出最大值
```

結果

```
4.56

666
```

7. 用「count」計算資料在串列中出現的次數。

範例程式碼

```
a = [123,4.56,'台積電','2330',666]
print(a.count(666))
```

結果

```
1
```

串列 list 的進階使用方式

1. 將「單個」資料新增到串列後方：append。

範例程式碼

```
a = [123, 4.56, '台積電', '2330', 666]
a.append('python')
print(a)
```

結果

```
[123, 4.56, '台積電', '2330', 666, 'python']
```

2. 將「多個」資料新增到串列後方：extend 或「+」。

範例程式碼

```
a = [123, 4.56, '台積電', '2330', 666]
a.extend(['python', 'abc'])   # extend實作上比較少使用，通常會用「+」直
                                接相加
print(a)

# 或是使用加號
b = [789, 'quantpass']
c = b + ['python', 'abc']
print(c)
```

結果

```
[123, 4.56, '台積電', '2330', 666, 'python', 'abc']
 [789, 'quantpass', 'python', 'abc']
```

```
# list1 + list2 也可以達成，實作上比較常用此做法，但缺點是要確定彼此都是
  list格式，否則直接相加會出現錯誤
```

3. 將資料新增到指定的位置：insert。

範例程式碼

```
a = [123, 4.56, '台積電', '2330', 666]
a.insert(2,'python')   # 將資料「python」新增到2的位置
print(a)
```

結果

```
[123, 4.56, 'python', '台積電', '2330', 666]
```

4. 以 pop 刪除資料，並列出刪除了哪筆資料。

範例程式碼

```
a = [123, 4.56, '台積電', '2330', 666]
print(a.pop())    # pop 內沒填數值，預設刪除最後一筆資料
print(a.pop(3))   # 有數值就是刪除對應位置的資料

print(a)
```

結果

```
666          # 回傳被刪除的資料
2330         # 回傳被刪除的資料
[123, 4.56, '台積電']   # 被刪掉的資料不會出現在變數 a 中
```

5. 用 reverse 將資料順序反轉。

範例程式碼

```
a = [123, 4.56, '台積電', '2330', 666]
a.reverse()
print(a)
```

結果

```
[666, '2330', '台積電', 4.56, 123]
```

6. 用 sort 將數值資料從小到大自動排列。

範例程式碼

```
a = [123, 4.56, 666]    # 僅限定數值資料
a.sort()
print(a)
```

結果

```
[4.56, 123, 666]
```

容器資料型態：字典 dictionary

字典 dictionary，簡稱 dict，是一種資料型態，概念來自於字典，用索引的方式儲存資料，就像在查字典一樣，經由一個關鍵字 key（字典中的字），回傳對應的值 value（對於那個字的解釋或內容）給使用者。

字典 dictionary 基本概念

dictionary 用大括號 { } 裝資料，關鍵字 key 只能是單一的文字（str）或數值（int、float），但對應值 value 資料型態不限。

程式碼邏輯

```
變數 = {關鍵字 key: 對應值 value, 關鍵字 key: 對應值 value, }
```

範例程式碼

```
a = {'上市公司':'台泥', '股票代碼':'1101', '日期':'0113'}
print(type(a))
```

```
# 也可這樣使用
a = {}
a['上市公司'] = '台泥'
a['股票代碼'] = '1101'
print(type(a))
```

結果

```
<class 'dict'>
<class 'dict'>
```

基本字典 dictionary 使用方式

1. 查詢關鍵字或對應值。

範例程式碼

```
a = {'上市公司':'台泥','股票代碼':'1101','日期':'0113'}
print(a['上市公司'])
print(a['股票代碼'])
```

結果

```
台泥
1101
```

2. 查詢所有關鍵字。

範例程式碼

```
a = {'上市公司':'台泥', '股票代碼':'1101', '日期':'0113'}
print(a.keys())
```

結果

```
dict_keys(['上市公司', '股票代碼', '日期'])
```

3. 查詢所有對應值。

範例程式碼

```
a = {'上市公司':'台泥', '股票代碼':'1101', '日期':'0113'}
print(a.values())
```

結果

```
dict_values(['台泥', '1101', '0113'])
```

4. 查詢 dictionary 字典長度。

範例程式碼

```
a = {'上市公司':'台泥', '股票代碼':'1101', '日期':'0113'}
print(len(a))
```

結果

```
3 # Key和value算一組
```

5. 清空 dictionary 字典的資料。

範例程式碼

```
a = { ' 上市公司 ' : ' 台泥 ' , ' 股票代碼 ' : '1101' , ' 日期 ' : '0113' }
a.clear()
print(a)
```

結果

```
{}
```

6. 取得 dictionary 字典中最小或最大值。

範例程式碼

```
a = { 'key1': 10, 'key2': 100 , 'key3': 1000 }
print(min(a))
print(max(a))
```

結果

```
key1
key3
```

✅ list 的 max、min 只能填入數值，但 dict 卻可以填入文字

```
a = { ' 上市公司 ' : ' 台泥 ' , ' 股票代碼 ' : '1101' , ' 日期 ' : '0113' }
print(min(a))
print(max(a))
```

會得到的結果是：

上市公司

股票代碼

可以分為兩個部分來回答。

Q1：dict 資料是文字，為何可以使用 min、max？

找 dict 的最大值、最小值（min、max），是用 for 迴圈跑 dict 資料

```
for i in a:
print(a)      # 會 print 出 dict 的 key
```

可以延伸參考「冒泡排序法」，簡單來說，程式會一直重複比較大小，直到這個排序是從小到大為止。

Q2：為何 max 輸出的結果是「股票代碼」，min 是「上市公司」？

中文字在程式內是「utf-8 二進制」（utf-8 binary），轉換後再用長度來比大小。

進階字典 dictionary 使用方式

1. 利用 list 型態轉換取得資料。如果想要取得關鍵字 key 的清單，可以直接利用型態轉換來完成。反之，對應值 value 的清單也是一樣的做法。

範例程式碼

```
a = {'上市公司':'台泥','股票代碼':'1101','日期':'0113'}
print(list(a.keys()))# 獲取key串列資料型別
```

'上市公司','股票代碼','日期'

2. 透過 items 函數，以 list 串列的方式呈現。

範例程式碼

```
a = {'上市公司':'台泥','股票代碼':'1101','日期':'0113'}
a.items()
print(a.items())
```

結果

```
dict_items([('上市公司','台泥'),('股票代碼','1101'),('日期',
'0113')])
```

3. 新增 dictionary 字典資料，將資料新增到最後面。

範例程式碼

```
a = {'上市公司':'台泥','股票代碼':'1101','日期':'0113'}
a1 = {'市場別':'上市','產業別':'水泥工業'}
a.update(a1)
print(a)
```

結果

```
{'上市公司':'台泥','股票代碼':'1101','日期':'0113','市場別':'上
市','產業別':'水泥工業'}
```

若資料內容不固定，可以用以下方式新增。

範例程式碼

```
a = {'上市公司':'台泥'}
a['股票代碼'] = '1101'
a['日期'] = '0113'
print(a)
```

結果

```
{'上市公司':'台泥','股票代碼':'1101','日期':'0113'}
```

4. 用 del 刪除關鍵字 key 資料，不會回傳刪除的資料。

範例程式碼

```
a = {'上市公司':'台泥','股票代碼':'1101','日期':'0113'}
del a['上市公司']   # 只能填入 key
print(a)
```

結果

```
{'股票代碼':'1101','日期':'0113'}
```

若用 pop 與 rname 刪除關鍵字，可以回傳被刪除的對應值。

範例程式碼

```
a = {'上市公司':'台泥','股票代碼':'1101','日期':'0113'}

rname=a.pop("上市公司")
print(a)
print(rname)
```

結果

{'股票代碼':'1101','日期':'0113'}
台泥

---

5. 用 if、else 查詢特定關鍵字 key。

範例程式碼

```
a = {'上市公司':'台泥','股票代碼':'1101','日期':'0113'}
if '股票代碼' in a:
  print('yes')  # 要記得print的前面要縮排
if '產業別' in a:
  print('產業別')
else:
  print('no')
```

結果

yes #「股票代碼」有在a內,可以找到
no #「產業別」並沒有在a內,所以找不到

迴圈,讓程式不斷執行

迴圈的主要功能是讓電腦重複執行特定動作,直到條件滿足。在大量的資料處理上,不太可能用人工的方式處理,所以運用迴圈就相當重要。前文介紹了兩種容器資料型態的使用方式,字典 dict 因為沒有順序位置,所以在迴圈的運用上,效率會比串列 list 好很多。

在 Python 語法中迴圈有 for 和 while 兩種。

　　迴圈為了讓程式不斷執行，只要滿足條件，過程中不會有任何的休息和停頓，所以執行迴圈時，建議大家可以加入中斷的程式，例如：time.sleep、break 等，避免無限迴圈使電腦容易當機。

while 迴圈

　　while 迴圈又稱為無窮迴圈，指無止盡的跑下去，通常會用來執行以下類型的資料：

1. 互動類型：讓使用者自行填寫輸入（input）的資料，錯誤會重跑程式，成功就中斷。

2. 監聽類型：重複執行某些功能，例如：計時器、定時跑 API 爬取資料等。

　　使用方法為輸入 while，接上條件式，後面輸入半形空格和冒號「:」，換行縮排輸入操作動作，如以下範例：

範例程式碼

```
import time  # 這邊先導入 time 套件，避免資料把電腦內存塞滿，導致當機
a = 0
while a < 10 :
  print(a)
  a = a + 1
  time.sleep(1)
```

結果

```
0
1
2
3
4
5
6
7
8
9
```

for 迴圈

for 迴圈又稱有限迴圈，執行特定次數或滿足部分目標就會停止，實作上大多數都是用到 for 迴圈，因為讓程式執行目標，是為了完成某些事情，因此不需要無止盡的執行。

輸入 for 後，填入一個迴圈變數，也就是在 for 迴圈內需要呼叫出來使用的變數，這個值離開迴圈後便無法呼叫。之後在變數後加入 in，指需要每筆都檢查一遍的資料，最後加上冒號。

範例程式碼

```python
aaa = [0, 1, 2, 3, 4, 5, 6, 7, 8, 9]
for x in aaa:
  print(x , end='')
```

結果

```
0123456789
```

內建函數與自訂函數

　　為了在撰寫程式語言時能更輕鬆，也因為功能重複使用的機會很高，會先用程式定義出常用的功能，這樣之後就可以直接使用。

　　可以用每天早上起床都要喝咖啡的習慣來理解函數。假如我不想每天花時間手沖咖啡，決定買一台咖啡機，設定每天早上 10:00 自動沖一杯咖啡，這個行為和函數的概念相同，把一件常常會需要做的事情（泡咖啡）標準化，每次需要使用（喝咖啡）時，只要運用函數（咖啡機）就可以完成。

　　Python 中的函數分為內建函數與自訂函數，內建函數就是我們很熟悉的函數，如 print() 就屬於 Python 原本設定好的函數。自訂函數就是自己定義常用的程式碼。

內建函數

　　Python 內建很多函數讓使用者能直接輸入使用，比如前文案例中所用到的 len()、type()、str() 皆屬於內建函數。其他常使用的函數還有 sum()、min()、max() 等。可以參考圖表 3-17，為 Python 軟體基金會（Python Software Foundation）針對不同版本整理的 Python 標準函式庫（Standard Library）。

▲ 圖表 3-17　**Python** 標準函式庫

範例程式碼

```python
print(sum([1,2,3]))
print(min([1,2,3]))
print(1+2)
```

結果

```
6
1
3
```

自訂函數

　　自訂函數是未來寫程式時主要運用的核心概念。自訂函數時，要以「def」做為開頭，輸入一個半形空格，打上函數名稱與小括號 ( )，括號內填函數變數（如前文例子中的每日泡咖啡時間），最後以冒號結尾。自訂函數後輸入的程式都要縮排，表示接下來是自訂函數的內容。

　　有些時候程式中可以加上回傳（return），是為了讓使用者取得函數的運算結果（例如：喝到咖啡），若只是要執行某件事，沒有輸入 return 也沒關係。

範例程式碼

```
def gopython(x):  #定義gopython，後面填入參數值
 if(x%10==0):
  return "可以整除"  #回傳運算結果
 else:
  return "不可以整除"


a=gopython (88)
b=gopython (1000)


print(a)
print(b)
```

結果

```
不可以整除　#88 無法被10 整除
可以整除　　#1000 可以被10 整除
```

區域變數與全域變數

　　自訂函數有個需要注意的關鍵，跟前文提到的 for 迴圈相同，內部使用的變數離開此函數後，沒辦法到外部使用，屬於區域變數，而非全域變數。

　　用一個生活化的例子說明此概念。如果學校是一份正在編寫程式的文件，教室是一個函數（goPython 函數），老師通知某班學生明天要考試，考試就屬於區域變數，是針對這一班的學生設立的，學生就是使用此區域變數的對象，隔壁班的同學或是外面上體育課的學生，無法知道這一班明天要考試。然而，如果校長透過全校廣播，報告下個月的運動

會日期，這件事因為大家都聽得到，所以屬於全域變數。可以使用 global
來轉換全域變數。

範例程式碼

```
x = 100
y = 60
a = 10
b = 0


def goPython (x, y):
    global b      # 透過global變成全域變數，使其他不在函數內的數值也能共用
    a = x + y
    b = x + y
    return b

print(b)
print(goPython(x, y))
print(a)
print(b)
```

結果

```
0      # 原先的b是0
160
10
160    # 全域變數後變成 x + y=160
```

　　在使用自訂函數時，名稱易讀性會影響後續的維護與使用，可以設

定好讀易理解的名稱，若有需要也可在相關函數附近補上註解，或針對每個函數進行參數解釋。養成提高程式可讀性的習慣，未來程式碼變多，回頭檢視程式會發現這些習慣帶來的便利之處。

　　以上就是基本的 Python 函數運用，後續的功能會根據這些邏輯延伸，不熟悉的部分多實作幾次，一定能慢慢上手！

11 處理海量資料的第一步：
資料整理

為什麼資料需要處理？

爬蟲爬到的原始資料，或從不同地方蒐集來的資料，皆很容易出現問題，例如：格式不統一、長相不一致。也容易發生資料型態錯判的情況，例如：0.012 雖然像浮點數（float），其實是字串（string）；股票代碼「2330」會被誤認為是數字。還有可能發生資料內容有錯誤或空白的狀況，這些都會影響資料無法正確被程式解讀，因此在取得資料後，第一時間先針對資料進行整理，確保格式與內容統一，再讓程式處理資料，避免跑完運算後才發現資料有問題，就功虧一簣了。

json 與 dict 的資料處理

當我們從網站取得的資料格式不統一，就會大幅影響後續的工作。

提到網站的資料格式，就一定要認識 json（JavaScript Object Notation），

是一種大部分網站資料所使用的傳輸格式，獨立於其他程式語言，常用在網站資料的呈現與傳輸。

程式碼邏輯與 Python 的 dictionary 非常相像，都是使用關鍵字 key和對應值 value 來儲存資料。但是 json 格式內部的 value 只能用雙引號「 " " 」，key 也只能使用字串（str），不然就會就無法順利轉換。以下直接用範例來看 json 與 dict 的差異。

範例程式碼

```
a = { ' 上市公司 ' : ' 台泥 ' , ' 股票代碼 ' : ' 1101 ' , ' 日期 ' : ' 0113 ' }
# 這是dict 格式

# 外面加上單引號，裡面的資料改成雙引號，就屬於json格式
b= ' { " 上市公司 " : " 台泥 " , " 股票代碼 " : " 1101 " , " 日期 " : " 0113 " } '
# 這是json格式，呈現字串

print(type(a))
print(type(b))
```

結果

```
<class 'dict'>
<class 'str'>   # json的格式一定是字串(str)
```

json 與 dict 的資料轉換

處理大量資料的時候，沒有辦法一個一個修改資料的標點符號和格式，這樣不僅沒有效率也很容易出錯。所以我們可以使用以下兩種方式來轉換。

如何轉換 json 與 dict 的資料格式

> json.loads()：將 json 格式，轉成 dict 格式，回傳型態是 dict。
>
> json.dumps()：將 dict 格式，轉成 json 格式，回傳型態是 str。

json 轉換成 dict：json.loads()

入門程式初期的資料多是來自各大網站，所以多以 json 格式轉換 dict 的功能為主。只要將資料轉成 dict，後續處理的動作會簡單很多。

範例程式碼

```
import json # 轉換之前先導入 json
j ='{"name": "quantpass", "age": "28", "city": "Taipei"}' # 這是 json 格式
date = json.loads(j)

print(type(date))
print(date)
```

結果

```
<class 'dict'>
{'name': 'quantpass', 'age': '28', 'city': 'Taipei'}
```

dict 轉換成 json：json.dumps()

雖然初學時比較少機會使用到將資料轉成 json 傳出的功能，但未來當需要與其他服務或語言互動、溝通時，json 都是比較通用的格式，這

時就需要做轉換。

範例程式碼

```
import json # 轉換之前先導入json
d ={'name': 'quantpass', 'age': '28', 'city': 'Taipei'} # 這是dict格式
date = json. dumps (d)


print(type(date))
print(date)
```

結果

```
<class 'str'>
{"name": "quantpass", "age": "28", "city": "Taipei"}
```

讓資料串接的字串格式化

當我們在進行資料整理的時候，為了讓不同格式的資料彼此串連，就會需要使用字串格式化。舉例來說，有時候會希望在檔案後面插入日期，一種方式是手動新增，但如果面對的是大量資料的話，沒辦法這樣手動一筆一筆處理，或是檔案本身有數字、文字，沒有辦法做統一的處理。這時透過字串格式化，可以讓資料做更多元的處理。

Python 2 版本的字串格式化：%

舊版的 Python 2 使用「%」運算來進行字串格式化，在「%」的後面會換成字串（str）呈現。但不太建議使用這個方式，一來可讀性比較低，二來是無法使用大量變數。

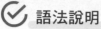 **語法說明**

%s ＝輸出字串

%f ＝輸出十進位浮點數

%d ＝輸出十進位整數

範例程式碼

```
a= 'Python'
b='Hello %s' % a
print(b)
print(type(b))
```

結果

```
Hello Python
<class 'str'>
```

Python 3 版本的字串格式化：format()

　　Python 3 版本更新後，有了另一種更便利使用的函數：新字串格式化「format()」函數，能處理各種字串問題。實作上，大多使用 format()，不只是因為它是新函數，新式字串的可讀性比舊版更高，且能應對更多的使用情境。

　　大型函式與功能呼叫完後會有回傳值（return），可以直接把結果填進 format() 變成字串格式化，在資料處理時會很常用到這個功能。如果用舊版的字串格式化，就會發生一堆程式配上一堆符號的情況，除了可讀性下降外，也可能不好預期處理後的資料結果。

format() 函數的用法很簡單，將大括號放在指定字串的後方，format
內則是要相連的資料。

範例程式碼

```
print('date{} date2{}'.format('_20220503', '_20220504'))
```

結果

```
date_20220503 date2_20220504
```

字串格式化的進階使用：f-string

進階的字串格式化，是限定 Python3.6 之後的版本使用。「格式化字
串文本」（Formatted String Literal）或簡稱為 f- 字串，可以把運算式直
接使用在字串中。在字串前面加上 f'，就可以進行字串格式化。

範例程式碼

```
name = 'quantpass'
print(f'My name is {name}')
```

結果

```
My name is quantpass
```

也可以在字串內使用運算式，運作的方式是先執行完程式計算後，
再轉成字串（先算後轉）。

範例程式碼

```
a =100
b =50


print(f'a - b = {a - b}')
```

結果

```
a - b = 50
```

資料的異常處理

　　初學程式的時候，很常會遇到程式無法順利執行的狀況，有可能是程式打錯或是語法錯誤，Python 就會跳出錯誤訊息。我們可以從錯誤訊息中知道問題出在哪裡。

　　下面用一個簡單的例子示範如果程式出現錯誤，會輸出什麼結果。

範例程式碼

```
print(1/2)
print(1/0)
print(1/10)
```

結果

```
0.5
Traceback (most recent call last):
 File "D:/PythonProject1/testpy.py", line 2, in <module>
  print(1/0)
ZeroDivisionError: division by zero
```

　　程式成功執行第一行，並得出結果 0.5，但是執行第二行時出了錯，顯示「ZeroDivisionError」，這個錯誤的產生是因為除法中任何數除以 0 都是無意義的。程式在第二行出錯，因此第三行 print(1/10) 便無法執行。

　　為了應對這種狀況，可以透過異常處理的機制，讓程式自動找出錯誤的地方，並讓程式繼續運作。舉個常見的例子，爬取網路上的歷史資料時，很多時候其實無法預期資料會如何回傳，甚至也可能發生對方提供有問題的資料，就會導致程式出錯並停止。為了避免這類事情發生，可以使用 try...except 程式解決，讓程式正常執行不中斷。

try...except 的使用

 語法解釋

　　try：要執行的程式碼。

　　except：程式異常時，會執行這邊的程式碼。

範例程式碼

```
try:
  print(1/0)
except:
  print("除數不可以為0")
```

結果

除數不可以為0

　　使用 try...except 就可以讓程式正常執行不中斷。何時該用異常處理呢？有幾項簡單的判斷原則：

　　1. 對於程式碼的執行狀況沒有 100％把握。

　　2. 對於使用者操作狀況沒有 100％把握。

　　3. 對於程式運作流程或是可能遭遇的問題沒有 100％把握。

　　根據這些原則，可以判斷使用異常處理的時機。

　　在撰寫 Python 程式中，有幾個常遇到的問題：

　　1. 讀取資料時，有沒有字串（str）、整數（int）、浮點數（float）？

　　2. 英文字母有沒有區分大小寫？

　　3. list 內會不會剛好沒有值，導致串列是空的？

　　這些都是很簡單可以理解，卻很容易遇到的問題。隨著程式越來寫越多，過個兩週就不知道實際的狀況，這時異常處理就顯得非常重要。

異常處理可以理解為「增加程式容錯率的方法」，假設程式出錯，except 之後的程式，是不是有可繼續執行的預備方案？如果有，程式是不是就能更順利地運行下去呢？

以一個常見的練習當作範例情境。假設爬蟲獲得的資料順序是下列 data 的內容，用 for 迴圈表示爬蟲爬進來的數字，並對每個結果進行處理，當中有一個資料是字串「'5x'」，這時進行資料處理就容易會出現報錯（錯誤提醒）。

範例程式碼

```
data = [1, 2, 3, 4, '5x', 6, 7, 8, 9, 10] # 假設這是爬蟲進來的資料


for i in data: # 假設這是要對爬蟲資料做的處理
    print(i + 2)
```

結果

```
3
4
5
6
    print(i + 2)
TypeError: can only concatenate str (not "int") to str
```

前面的運算都很順利，但是爬進了一個字串資料 '5x'，所以就出現錯誤提醒。或許你會想：「我知道它會回傳給我就好，用 if else 處理應該就可以了吧？」

範例程式碼

```
data = [1, 2, 3, 4, '5x', 6, 7, 8, 9, 10] # 假設這是爬蟲進來的資料

for i in data: # 假設這是要對爬蟲資料做的處理
  if 'x' in i:
    i = int(i.replace('x','')) # 字串處理完記得轉 int
    print(i, i + 2)
  else:
    print(i + 2)
```

這樣處理雖然解決了 '5x' 的問題，卻又出現了其他的錯誤提醒。

結果

```
  if 'x' in i:
TypeError: argument of type 'int' is not iterable
```

這時候最好的解決辦法，就是執行異常處理。

範例程式碼

```
data = [1, 2, 3, 4, '5x', 6, 7, 8, 9, 10] # 假設這是爬蟲進來的資料

for i in data: # 假設這是要對爬蟲資料做的處理
  try:
    if 'x' in i:
      i = int(i.replace('x','')) # 字串處理完記得轉 int
      print(i, i + 2)
  except:
    print(i, i + 2)
```

結果

```
1 3
2 4
3 5
4 6
5 7
6 8
7 9
8 10
9 11
10 12
```

　　為了抓到程式中的錯誤，可以針對錯誤動作進行分類。以下範例假設新的資料後面多了一個 0，並且處理動作加上除法。

範例程式碼

```python
data1 = [1, 2, 3, 4, '5x', 6, 7, 8, 9, 0]  # 假設這是爬蟲進來的資料

for i in data1:  # 假設這是要對爬蟲資料做的處理
    try:
        print(i, 2/ i)
    except TypeError:  # 只抓型態錯誤
        print('型態錯誤')
    except Exception as e:  # 其他錯誤統一回傳
        print(e)
```

　　這樣就可以輸出抓錯的回傳。

結果

```
1 2.0
2 1.0
3 0.6666666666666666
4 0.5
型態錯誤
6 0.3333333333333333
7 0.2857142857142857
8 0.25
9 0.2222222222222222
division by zero
```

　　雖然程式仍有錯誤（輸出型態錯誤），但不會影響執行，接下來就可以針對各種情況個別處理。

進階異常處理：try...except...else...finally

　　除了較常用的 try...except 語法，異常處理還有 try...except...else...finally 語法，是較為完整的語法。但原則上，前者為常用的語法，後者比較少用，通常用在需要細微的做全面測試等情況。面對未知、不確定的資料，用前者就足夠。

　　try...except 語法後接「pass」，可跳過不符合原則的資料，並讓程式繼續執行，也是一種常見的做法。

語法解釋

> try：要執行的程式碼。
>
> except：程式異常時，會執行這邊的程式碼。
>
> else：如果例外沒有發生會執行這段。
>
> finally：不管上面做哪段處理，都會執行這段。

範例程式碼

```python
data2 = [1, 2, '5x', 0]


for i in data2: # 假設這是要對爬蟲資料做的處理
  try:
    print(i, 2/ i)
  except TypeError:
    print('型態錯誤')
  except Exception as e:
    print(e)
  else:
    print('else 來這邊 ',i *10)
  finally:
    print('每次做完都來這邊')
```

稍微改變一下資料內容，結果如下：

結果

```
1 2.0
else來這邊 10
每次做完都來這邊
2 1.0
else來這邊 20
每次做完都來這邊
型態錯誤 # 5x沒有執行成功就結束跳 finally
每次做完都來這邊
division by zero # 2/0 沒有執行成功就結束跳 finally
每次做完都來這邊
```

　　以上就是基礎 Python 的程式語法和常用功能，接下來會帶大家進行爬蟲實戰，學習活用爬蟲！

第 **4** 章

理財結合爬蟲，
幫你篩選有用數據

12 用 Python 選股的流程

前文我們介紹了 Python 的基礎語法，接下來要進入程式實作，帶大家活用 Python。

在進入實作前，先簡單了解若使用 Python 選股，會進行哪些步驟：

1. 獲取股票相關資料：在 Python 中最常見的方式為爬蟲，從數據來源索取資料。

2. 整理資料格式：爬蟲直接抓取的資料一般都十分雜亂，可閱讀性極低，這樣的資料格式難以進行後續的分析與計算，因此需要整理資料。

3. 定義選股邏輯：選股條件必須邏輯明確、數據化並程式化，才能夠透過程式語言進行定義。

4. 選股結果回報：透過台灣使用率最高的通訊軟體 LINE，進行選股成果回報，及時接收選股成果。

接下來就讓我們進入 Python 實作吧！

13 快速整理資料的 3 大工具

Python 有許多處理數據的工具套件，這也是使 Python 打出名氣的原因之一。成千上萬的數據，有了這些工具，不只讓處理數據變得容易，也涵蓋多數的處理模式、情境，讓數據能快速被使用，使用者不需要撰寫基本操作的程式碼處理資料。

運用套件的好處在於，這些套件是多數人聯合維護與開發的程式碼，經得起考驗，也接受過多數人的實測和維護，所以比自己重新撰寫程式碼、創造功能更加便利且實用。數據整理套件中，有 3 種很常用也很方便的套件：

時間管理大師：datetime

由於投資分析、整理價格數據等步驟，不能缺少的條件除了價格外，就是時間了。舉例來說，今天我打算分析 100 檔股票，這 100 檔各自取 10 年的數據，數據量相當地可觀，因此需要時間套件的協助，讓資料更易讀、有序。程式對於時間的處理與運算有很多種做法，面對各式大型數據時，時間處理自然就是必要的步驟。

只要談到時間處理，datetime 基本上是必要的套件，雖然 time 套件也能處理時間，但 datetime 對於時間的處理更多元、更符合各項應用場景，因此越早熟悉該套件，能加速資料處理的速度。

datetime 和 time 都是 Python 內建的套件，所以安裝好 Python，就能直接以 import 語法導入函式庫，不用另外以 pip 安裝。

一般而言，會習慣用「from datetime import datetime」這個語法。對於剛入門的人來說，一條語法中出現相同名稱的 2 個指令會很難理解，第一個 datetime 指的是腳本的名稱。假如 main 腳本中有「def hello():」函式，要呼叫此函式來使用時，就可以用「from main import hello」。語法邏輯是一樣的，接下來就直接看例子吧！

範例程式碼

```
from datetime import datetime
```

一般而言，時間有幾種格式：

1. datetime type：datetime 執行出來的結果都是此格式。

2. timestamp：時間戳，電腦判斷時間用的格式。

3. string：字串，通常為爬蟲拿到的資料或某些表格的儲存方式。

4. isoformat：標準日期格式（datetime.isoformat），通常使用在跨時區的時間格式。

四大格式的轉換，是學習 Python 的過程中需要掌握的技巧，記得常用到的技巧就好，對可以做哪些轉換，要有基本的認識和概念。比較少用的函數需要用到再查，不需要死背。

datetime type

最常見的是以最直觀的方式填值，使用 datatime 產生 datetime 格式。

範例程式碼

```
datetime(年,月,日,時,分,秒)
```

可以按照手動輸入的順序，將其依序傳入 datetime.datetime() 函數中，印出日期時間資訊，但是這個做法非常麻煩，需要一筆一筆手動輸入年、月、日、小時、分鐘、秒，因此後續會教各位更簡單可以生成時間的方式。

範例程式碼

```
print(datetime(2021, 10, 15, 17, 37, 0))
```

結果

```
2021-10-15 17:37:00
```

若要運用 Python 獲取當前日期和時間，可以使用「datetime.datetime.now()」語法取得。

範例程式碼

```
print(datetime.now()) # 取得現在時間
```

輸出結果是含當前時區的日期與時間。假如是台灣，輸出的結果就會是 UTC+8，依序為年、月、日、時、分、秒、微妙。

若只想獲取日期資訊，可以統一用「datetime.datetime」內的函數。

參考以下範例：

範例程式碼

```
from datetime import datetime
print(datetime.now())  # 取得現在時間
print(datetime.now().date())  # 取得現在日期
print(datetime.now().time())  # 取得現在時間
```

結果

```
2021-05-30 00:03:53.336914
2021-05-30
00:03:53.336914
```

以下是 datetime 不同的運用方式：

範例程式碼

```
from datetime import datetime
print(datetime(2021, 10, 15, 17, 37, 7, 490703))
print(datetime(2021, 10, 15, 9, 37, 43, 823644))

tt = datetime.today()  # 現在的時間，計到微秒
print(tt)
tn = datetime.now()
print(tn)
print(datetime.utcnow())  # UTC 標準時間（台灣是 +8）

# isoformat 語法印出的結果會用「T」來分隔日期和時間
print(str(tn.now()))
```

```
print(tn.isoformat())
```

結果

```
2021-10-15 17:37:07.490703 # datetime(2021, 10, 15, 17, 37, 7, 490703)

2021-10-15 09:37:43.823644 # datetime(2021, 10, 15, 9, 37, 43, 823644)

2021-10-27 12:48:20.658352 # datetime.today()

2021-10-27 12:48:20.658357 # tn = datetime.now()

2021-10-27 04:48:20.658359 # datetime.utcnow()

2021-10-27 12:48:20.658361 # str(tn.now())

2021-10-27T12:48:20.658357 # tn.isoformat()
```

timestamp 時間戳

時間戳是電腦使用的時間格式，可以利用時間戳的邏輯，進行時間的比較、加減，換算出時間差。時間戳在資料處理上，可以使時間格式統一在同樣條件下。

舉例來說，資料來自世界各地，描述方式各有不同，若能使整體的資料都以十位數和整數（int）的方式計算，資料處理的難度會降低許多。因此這時就可以藉由時間戳的邏輯統一資料格式。

範例程式碼

```
from datetime import datetime
tn = datetime.now()
print(tn)
ts = tn.timestamp()
print(ts)
```

```
print(datetime.fromtimestamp(ts))
tn = datetime.now() # 取得現在時間
ts = tn.timestamp() # 將現在時間轉成時間戳
tiso = tn.isoformat() # 取得 ISO* 時間
print(tn)
print(ts)
print(tiso)


print(datetime.fromtimestamp(ts)) # 將時間戳轉回標準的日期時間格式
                                         （datetime 格式）
print(datetime.utcfromtimestamp(ts)) # 將時間戳轉回 UTC+0 格式
print(datetime.fromisoformat(tiso)) # 將 ISO time 轉回 datetime 格式
```

結果

2021-05-30 00:59:00.475002 # 現在時間

1622307540.475002 # 現在時間戳

2021-05-30T00:59:00.475002 # 現在 ISO 時間

2021-05-30 00:59:00.475002 # 將時間戳轉回現在時間

2021-05-29 16:59:00.475002 # 將時間戳轉回 UTC+8 的時間（有注意到時間少了 8 小時嗎？）

2021-05-30 00:59:00.475002 # 將 ISO 時間轉回現在時間

　　若要換算時間差或是做加減，可以利用 delta 套件，與 datetime 同個套件，是專門做時間加減的工具包。以下的範例能很容易的理解使用方式。

---

* 國際標準化組織的日期和時間表示方法。

範例程式碼

```
# timedelta 與時間加減
from datetime import datetime
tn = datetime.now()
from datetime import timedelta
add_30d = tn + timedelta(days=30)  # 用 timedelta 做時間加減
add_3hr = tn + timedelta(hours=3)
print(add_30d)
print(add_3hr)
print(add_30d - tn) # datetime 的日期時間可以直接加減
print(add_3hr - tn)
```

結果

```
2021-06-13 21:38:02.780480 # 現在的時間再加 30 天
2021-05-15 00:38:02.780480 # 加了 3 小時
30 days, 0:00:00 # 與現在相減後等於 30 天
3:00:00 # 與現在相減後等於 3 小時
```

String 字串

時間資料除了處理、分析，終究是要讓人看得懂，時間格式各式各樣，有兩種簡單的方式可以互相轉換：

1. strftime()：string from time，將時間資料轉換成字串。

2. strptime()：將字串資料轉換成時間。

兩者有各自的程式撰寫方式，以下為「strftime()」的操作：

範例程式碼

```python
from datetime import datetime
now = datetime.now() # 當前日期和時間
print(now)


year = now.strftime("%Y")
print("year:", year)


month = now.strftime("%m")
print("month:", month)


day = now.strftime("%d")
print("day:", day)


time = now.strftime("%H:%M:%S")
print("time:", time)


date_time = now.strftime("%Y-%m-%d, %H:%M:%S")
print("date and time:",date_time)
```

結果

```
2021-05-30 01:19:18.453923 # 當下時間，顯示到秒以下的單位
year: 2021
month: 05
day: 30
time: 01:19:18
date and time: 2021-05-30, 01:19:18   # 這一項只顯示到秒
```

以「strptime()」語法轉換時間格式的操作：

範例程式碼

```
from datetime import datetime
print(datetime.strptime("2021-10-15", "%Y-%m-%d"))


dateString = "15/12/2021"
dateFormatter = "%d/%m/%Y"
print(datetime.strptime(dateString, dateFormatter))


dateString = "15/12/2020"
dateFormatter = "%d/%m/%Y"
print(datetime.strptime(dateString, dateFormatter))


dateString = "Monday, May 13, 2020 20:01:56"
dateFormatter = "%A, %B %d, %Y %H:%M:%S"
print(datetime.strptime(dateString, dateFormatter))
```

結果

```
2021-10-15 00:00:00

2021-12-15 00:00:00

2020-12-15 00:00:00

2020-05-13 20:01:56
```

其實字串轉換成時間的方式非常多，比較常用到的語法就那幾種，因此熟悉常用的語法，便能應對大多數的情況。其他的方法，可以多看、多認識，需要用到時再去查詢，學習用更深入的字符來轉換。

圖表 4-1 為 Python 官方內部目前可使用的文件與格式，提供給大家

做參考。

指令	說明	範例
%a	星期的縮寫	Sun, Mon, ..., Sat (en_US);So, Mo, ..., Sa (de_DE)
%A	星期的全稱	Sunday, Monday, ..., Saturday (en_US);Sonntag, Montag, ..., Samstag (de_DE)
%w	以數字表示星期	0, 1, ..., 6
%d	日期	01, 02, ..., 31
%b	月分的縮寫	Jan, Feb, ..., Dec (en_US);Jan, Feb, ..., Dez (de_DE)
%B	月分的全稱	January, February, ..., December (en_US);Januar, Februar, ..., Dezember (de_DE)
%m	數字月分	01, 02, ..., 12
%y	西元年後二位數字	00, 01, ..., 99
%Y	西元年	0001, 0002, ..., 2013, 2014, ..., 9998, 9999
%H	輸出時間為 24 小時制	00, 01, ..., 23
%I	輸出時間為 12 小時制	01, 02, ..., 12
%p	當地時間輸出為 AM 或 PM	AM, PM (en_US);am, pm (de_DE)
%M	以十進制計算分，會以 0 補充左側位數	00, 01, ..., 59
%S	以十進制計算秒，會以 0 補充左側位數	00, 01, ..., 59
%f	以十進制計算微秒，會以 0 補充左側位數	000000, 000001, ..., 999999 . . .

（續下頁）

指令	說明	範例
%z	格式為 ±HHMMSS 的 UTC 偏移量[*]	(empty), +0000, -0400, +1030
%Z	時區名稱（如果漏失時區地點，會回傳空字符串）	(empty), UTC, EST, CST
%j	十進制計算一年中的一天，會以 0 補充左側位數	001, 002, ..., 366
%U	以十進制表示一年中的週數（星期日為一週的第一天），新年的第一個星期日之前的日子會被認定為第 0 週	00, 01, ..., 53
%W	以十進制表示一年中的週數（星期一為一週的第一天），新年的第一個星期一之前的日子會被認定為第 0 週	00, 01, ..., 53
%c	表示語言環境的適當時間與日期	Tue Aug 16 21:30:00 1988 (en_US);Di 16 Aug 21:30:00 1988 (de_DE)
%x	表示語言環境的適當日期	08/16/88 (None);08/16/1988 (en_US);16.08.1988 (de_DE)
%X	表示語言環境的適當時間	21:30:00 (en_US);21:30:00 (de_DE)
%%	文字 '%' 字符	%

▲ 圖表 4-1　Python 官方內部可使用的文件與格式

datetime.timedelta() 的使用時機與方法

在開始使用套件之前，一樣先以 import 指令導入相關函式庫。

---

[*] 協調世界時（UTC）和特定地點的日期與時間差，通常會以 ±[hh]:[mm]、±[hh][mm] 或 ±[hh] 的格式顯示，h 為小時，m 為分鐘。

程式碼函式

```
from datetime import datetime, timedelta
```

timedelta 從字面上來看就是時間（time）的差值（delta），因此這個函數是用來計算時間差。

因為是針對時間進行加減，所以除了數值，還得選週期。可選的週期包含：週（weeks）、日（days）、時（hours）、分（minutes）、秒（seconds）、微秒（microseconds），預設的週期為日。

範例程式碼

```
from datetime import datetime, timedelta


curr_date = "2021/10/15"
curr_date_temp = datetime.strptime(curr_date, "%Y/%m/%d") # 轉換格式


new_date = curr_date
print(curr_date_temp)
```

結果

```
2021-10-20 00:00:00
```

timedelta 提供的另一項便利功能，是使用者可以創建以日、星期、小時表示的任意時間組合，也可以將時間組合簡化。

範例程式碼

```
td = timedelta(weeks=1, days=30, hours=2, minutes=40)
print(td)
```

結果

```
37 days, 2:40:00
```

如果將兩個 datetime 相減，就會得到表示該時間間隔的 timedelta。

範例程式碼

```
dt1 = datetime(2021, 10, 15, 11, 18, 0)
dt2 = datetime(2021, 10, 14, 9, 11, 0)


print(dt1 - dt2)
```

結果

```
1 day, 2:07:00
```

同樣地，也能將兩個時間間隔以 timedelta 函數相減，可以得到另一個 timedelta。

範例程式碼

```
td1 = timedelta(days=25) # 30 days
td2 = timedelta(weeks=1) # 1 week
print(td1 - td2)
```

結果

```
18 days, 0:00:00
```

最輕便的資料儲存方式：csv

csv 為逗點分隔數值或字元分隔值，是儲存與交換表格資料常使用的格式，使用逗點分隔不同資料，也可以切換不同分隔方式。

在做量化投資時，需要索取歷史資料，大部分的財經網站或證交所提供的檔案會是 Excel 檔或 csv 檔。在 Python 中，可以使用 csv 讀取資料，或將資料儲存成 csv 檔，是最方便的格式。

csv 是一種純文字檔，最常見的運用就是 Excel。在 Windows 系統上，csv 檔案會預設以 Excel 開啟，讀取程式與檔案。

未來更上手程式後，會發現 json 也是資料傳輸中一種常見的檔案格式，但以下會運用到的功能主要以儲存為主，因此會著重在 csv。

讀取檔案

可以從台灣證券交易所網站下載個股日成交資訊的 csv 檔。進入台灣證券交易所網站＞交易資訊＞盤後資訊＞個股日成交資訊。點選「資料日期」和「股票代碼」就可以下載 csv 檔案（網站連結見圖表 4-2）。本書以台積電（2330）民國 105 年 10 月資料為例。

▲ 圖表 4-2　個股日成交資訊

有時候因為網站改版，資料格式會異動，如果下載的檔案格式不符合 csv 格式，匯入程式中就會報錯。以最新的證交所下載的資料（民國

111 年 4 月）為例，先用 Excel 開啟確認格式，手動刪除第一行的標題和最底層的說明，讓資料格式符合圖表 4-3 的格式。

	A	B	C	D	E	F	G	H	I
1	日期	成交股數	成交金額	開盤價	最高價	最低價	收盤價	漲跌價差	成交筆數
2	111/04/01	31,247,086	18,328,227,645	585	589	584	589	-8	53,178
3	111/04/06	40,726,932	23,547,636,944	578	580	575	578	-11	62,822
4	111/04/07	47,212,937	26,881,649,976	571	573	566	566	-12	130,552
5	111/04/08	31,406,384	17,821,660,486	567	570	566	567	1	75,778
6	111/04/11	41,713,758	23,401,330,531	563	566	558	558	-9	130,731
7	111/04/12	34,799,056	19,418,030,839	554	564	552	557	-1	69,280
8	111/04/13	36,968,137	21,134,384,849	564	576	563	573	16	41,249
9	111/04/14	20,224,847	11,618,596,361	577	578	573	573	0	27,442
10	111/04/15	33,158,930	18,667,922,752	562	566	561	562	-11	99,936
11	111/04/18	16,579,296	9,311,198,146	559	566	558	561	-1	31,712
12	111/04/19	18,811,242	10,639,032,272	566	569	563	565	4	24,598
13	111/04/20	28,240,222	16,016,967,192	570	570	562	570	5	28,615
14	111/04/21	21,539,083	12,221,437,009	571	571	565	565	-5	28,847
15	111/04/22	35,567,672	19,849,449,551	558	559	557	558	-7	81,550
16	111/04/25	49,067,362	26,907,070,565	550	552	546	547	-11	165,619
17	111/04/26	39,549,934	21,628,474,846	550	551	544	546	-1	90,252
18	111/04/27	65,034,122	34,416,315,121	530	532	526	526	-20	217,895
19	111/04/28	50,406,145	26,653,291,522	530	532	523	531	5	79,897
20	111/04/29	39,960,198	21,586,196,160	547	547	535	538	7	41,498

▲ 圖表 4-3　修改下載的資料以符合 csv 格式

「2330 台積電 .csv」檔案，在 PyCharm 開啟後的檔案如下：

原始資料

日期,成交股數,成交金額,開盤價,最高價,最低價,收盤價,漲跌價差,成交筆數

105/10/03,"18,987,856","3,525,971,989",186.00,186.50,184.50,186.00,+3.50,"6,733"

105/10/04,"17,139,682","3,191,090,272",185.00,187.00,185.00,187.00,+1.00,"6,392"

105/10/05,"19,144,379","3,549,073,494",186.00,186.00,184.50,186.00,-

```
1.00,"6,115"
105/10/06,"15,715,729","2,928,528,801",185.00,187.50,185.00,187.50,+1
.50,"6,847"
105/10/07,"15,870,415","2,969,715,475",188.00,188.00,186.00,188.00,+0
.50,"6,887"
105/10/11,"31,107,793","5,874,765,484",191.00,191.00,186.00,187.50,-
0.50,"10,879"
105/10/12,"24,592,212","4,625,439,668",186.50,190.00,186.00,189.50,+2
.00,"7,805"
... 以下省略
```

　　在讀取檔案前，需要使用 pip 安裝 Python-csv，或到 PyCharm 左下角點擊 Terminal，輸入 pip install Python-csv 安裝套件，單純安裝 csv 沒辦法安裝成功。安裝完 Python-csv 後，輸入「import csv」就可以使用此套件（見圖表 4-4）。

▲ 圖表 4-4　　pip 安裝的方法

　　當我們已經有一個 csv 檔或從證交所網站下載的檔案，需要先放入當初建置 Pycharm 的資料夾（例如：C:\Users\User\PycharmProjects\quantpass），透過以下程式叫出檔案。在開啟 csv 檔案時，加上「newline」指令，資料輸出後就會自動換行，否則資料會連成一整串。

範例程式碼

```
import csv

path = '2330台積電.csv'
with open(path, 'r', newline='', encoding='utf-8') as csvfile:
# 如果檔案開啟文字是亂碼
# 要把「encoding='utf-8'」修改為 encoding='CP950'
  rows = csv.reader(csvfile, delimiter = ',')
  for row in rows:  # 以迴圈輸出每一列
    print(row)
```

csv.reader 會讀取出串列 list 的資料型態，輸出的結果如下：

結果

```
['日期', '成交股數', '成交金額', '開盤價', '最高價', '最低價', '收盤價', '漲跌價差', '成交筆數']
['105/10/03', '18,987,856', '3,525,971,989', '186.00', '186.50', '184.50', '186.00', '+3.50', '6,733']
['105/10/04', '17,139,682', '3,191,090,272', '185.00', '187.00', '185.00', '187.00', '+1.00', '6,392']
['105/10/05', '19,144,379', '3,549,073,494', '186.00', '186.00', '184.50', '186.00', '-1.00', '6,115']
['105/10/06', '15,715,729', '2,928,528,801', '185.00', '187.50', '185.00', '187.50', '+1.50', '6,847']
```

```
['105/10/07', '15,870,415', '2,969,715,475', '188.00', '188.00',
'186.00', '188.00', '+0.50', '6,887']
['105/10/11', '31,107,793', '5,874,765,484', '191.00', '191.00',
'186.00', '187.50', '-0.50', '10,879']
['105/10/12', '24,592,212', '4,625,439,668', '186.50', '190.00',
'186.00', '189.50', '+2.00', '7,805']
...以下省略
```

指定資料間的分隔

假設想讓資料與資料間以冒號（:）或分號（;）分隔開，只要在「delimiter=':'」函數內填入分隔符號，程式就能知道如何切分資料。

程式碼函式

```
rows = csv.reader(csvfile, delimiter=':')
```

讀取後轉換成字典資料型態

讀取到的 csv 檔案能轉換為字典資料型態，方便存取特定的資料。

範例程式碼

```
import csv
with open('2330台積電.csv', newline='') as csvfile:

    rows = csv.DictReader(csvfile)
```

結果

```
OrderedDict([('日期', '105/10/03'), ('成交股數', '18,987,856'), ('成交
金額', '3,525,971,989'), ('開盤價', '186.00'), ('最高價', '186.50'), ('
最低價', '184.50'), ('收盤價', '186.00'), ('漲跌價差', '+3.50'), ('成交
筆數', '6,733')])
OrderedDict([('日期', '105/10/04'), ('成交股數', '17,139,682'), ('成交
金額', '3,191,090,272'), ('開盤價', '185.00'), ('最高價', '187.00'), ('
最低價', '185.00'), ('收盤價', '187.00'), ('漲跌價差', '+1.00'), ('成交
筆數', '6,392')])
OrderedDict([('日期', '105/10/05'), ('成交股數', '19,144,379'), ('成交
金額', '3,549,073,494'), ('開盤價', '186.00'), ('最高價', '186.00'), ('
最低價', '184.50'), ('收盤價', '186.00'), ('漲跌價差', '-1.00'), ('成交
筆數', '6,115')])
OrderedDict([('日期', '105/10/06'), ('成交股數', '15,715,729'), ('成交
金額', '2,928,528,801'), ('開盤價', '185.00'), ('最高價', '187.50'), ('
最低價', '185.00'), ('收盤價', '187.50'), ('漲跌價差', '+1.50'), ('成交
筆數', '6,847')])
...以下省略
```

以迴圈輸出指定欄位

使用「csv.DictReader」語法讀取 csv 檔案的內容，會自動把檔案第一列（row）內容作為欄位名稱。如果第一列的欄位沒有名稱，需要換其他方式讀取檔案。原則上打開文件後，第一行會是資料的標頭，如：開盤價、日期等欄位名稱，以辨別資料來源的目標。

將第二列後的每一列轉成字典 Dictionary，執行結果如下：

範例程式碼

```
import csv
path = '2330台積電.csv'
with open(path, newline='', encoding='utf-8') as csvfile:
#如果檔案開啟文字是亂碼
#要把「encoding='utf-8'」修改為 encoding='CP950'

  rows = csv.DictReader(csvfile)
  for row in rows:
    print(row['日期'], row['成交股數'])
```

結果

```
105/10/03 18,987,856
105/10/04 17,139,682
105/10/05 19,144,379
105/10/06 15,715,729
105/10/07 15,870,415
105/10/11 31,107,793
105/10/12 24,592,212
...[略]
```

轉成 csv 檔案

資料處理完後，以下的操作可以將資料轉成 csv 檔，以 Excel 可以開啟表格。

範例程式碼

```python
with open('testdata.csv', 'w', newline='') as csvFile:
    writer = csv.writer(csvFile)
    # 直接寫出標題
    writer.writerow(['name', 'age', 'number', 'address'])
    # 直接寫出資料
    writer.writerow(['kobe', 17, '09581123', 'america'])
    writer.writerow(['kevin', 32, '09325698', 'canada'])
```

在資料夾中就會出現 testdata.csv 檔案，用 Excel 開啟後會如下：

結果

```
name,age,number,address
kobe,17,09581123,america
kevin,32,09325698,canada
```

可以自行指定輸出時欄位的分隔字元。

範例程式碼

```python
with open('testdata123.csv', 'w', newline='') as csvFile:
    # 建立 csv 檔寫入器
    writer = csv.writer(csvFile,delimiter=':')
    # 直接寫出標題
    writer.writerow(['name', 'age', 'number', 'address'])
    # 直接寫出資料
    writer.writerow(['kobe', 17, '09581123', 'america'])
    writer.writerow(['kevin', 32, '09325698', 'canada'])
```

執行上方的程式碼會轉成一份 csv，打開資料夾的 testdata123.csv 檔案如下：

結果

```
name:age:number:address
kobe:17:09581123:america
kevin:32:09325698:canada
```

圖表 4-5 為 csv 的操作字符說明，讓大家在使用時可以有所對照。

字符	說明
r	讀取文件，文件不存在會報錯
w	寫入文件，若文件不存在，會先創建再寫入，原文件會被覆蓋
a	寫入文件，若文件不存在會先創建再寫入，但不會覆蓋原文件，而是追加在文件末
rb、wb	分別與字符 r、w 功能類似，主要用於讀寫二進制檔案
r+	可讀、可寫，文件不存在也會報錯，寫入、操作時會覆蓋原文件
w+	可讀，可寫，文件不存在會先創建，會覆蓋原文件
a+	可讀、可寫，文件不存在會先創建，不會覆蓋原文件，追加在文件末

▲ 圖表 4-5　csv 的操作字符

如果資料已經整理好，將 list 內每個元素整理為一組 list，內為資料序，接下來就可以把整張表格寫進 csv 檔案中。

範例程式碼

```
Table = [
  ['name', 'age', 'number', 'address'], # 標題
  ['kobe', 17, '09581123', 'america'], # 內文1
  ['kevin', 32, '09325698', 'canada'] # 內文2
]


import csv
with open('alldata.csv', 'w', newline='') as csvfile:
  writer = csv.writer(csvfile)
  writer.writerows(Table)
```

結果

```
name:age:number:address
kobe:17:09581123:america
kevin:32:09325698:canada
```

寫入字典資料型態

可以使用 csv.DictWriter 方式，將字典資料型態寫到 csv 檔案。

範例程式碼

```
with open('testdatadict.csv', 'w', newline=' ') as csvFile: # 開啟輸出的
                                                      csv 檔案
  writer = csv.writer(csvFile) # 建立csv檔寫入器
  writer = csv.writer(csvFile, delimiter=';') # 指定分隔符號
  writer.writerow(['name', 'age', 'number', 'address']) # 寫入標題
```

```
writer.writerow(['kobe', 17, '09581123', 'america'])  #寫入一般資料
writer.writerow(['kevin', 32, '09325698', 'canada'])  #寫入一般資料
#寫入dict資料
writer.writerow({'name': 'kobe', 'age': 17, 'number': '09581123'})
writer.writerow({'name': 'kevin', 'age': 32, 'number': '09325698'})
```

結果

```
name,age,number,address
kobe,17,09581123,america
kevin,32,09325698,canada
name,age,number
name,age,number
```

可以看到，除了將 list 寫入列（row），還能夠用字典資料型態的方式針對不同欄（colume）寫入對應位置，進而達到操作 csv 的方式。

這部分的操作有很多小細節，其實 csv 不易針對數值的單一列做處理，也不易針對每個小細節處理內容，所以最安全且有效的資料處理方式是，藉由函數「read_csv」開啟檔案後，再以 list 與 dictionay 將資料調整成自己想要的方式，再存入 csv 內，不用特別針對每一筆資料做調整，只要把 csv 當成一種資料儲存的方式即可。

最強大的資理處理套件：pandas

pandas 是 Python 的資料處理中相當重要的套件，在執行程式交易時，更是需要運用到 pandas 中的多種功能來處理歷史交易資料，像是將 1 分 K 轉成 5 分 K 或將缺失資料自動補齊，以確保運算時的正確性。pandas 也可以計算市場數據的平均值（得出均線），還能求出最大值或最小值，

功能一應俱全，能幫助程式交易的過程更便利。

當資料需要處理時，有各式各樣的工具可以滿足需求，現在資料分析已成為非常重要的能力，而 pandas 套件的出現，讓 Python 使用情境的多元性達到新高峰。操作簡單、直觀，並完善整合各類需求，一直是此套件的一大優勢，雖然犧牲部分效能，比起其他數據處理方式慢上許多，但對於初學者來說已綽綽有餘，是相當方便的套件。

pandas 由兩個主要內容組成：Series 與 DataFrame，前者可以理解成 Excel 表格中的欄位（從上到下一整串），後者可以理解成一整張表格。

因為此套件不是 Python 內建，所以要使用前，須先以 pip install pandas 執行安裝，也可以點擊 PyCharm 左下方的 Terminal，輸入 pip install pandas 完成安裝。

範例程式碼

```
pip install pandas
import pandas as pd  #使用 import 導入套件
```

Serise

若有個 list_a = [4, 6, 1, 3]，導進 pandas Serise 後，會如下：

範例程式碼

```
import pandas as pd

# series 系列
series_1 = pd.Series([4, 6, 1, 3])
print(series_1)
```

結果

```
0    4
1    6
2    1
3    3
dtype: int64
```

這個結果表示已將資料轉為 serise 格式，並且有表格順序。

範例程式碼

```
import pandas as pd
weight = pd.Series([64, 48, 82, 104], index=['jack', 'jimmy', 'john',
'joe'])
# serise的操作有以下幾種方式
print(weight)
print(weight[0])
print(weight[1:3])
print(weight['joe'])
```

以印出的結果說明函數意義。

結果

```
# print(weight)
jack    64
jimmy   48
john    82
joe     104
```

```
dtype: int64
# 針對4個數值給予對應名稱，與字典的概念類似，並非只是使用數據。以上的
  資料仍有順序存在


# print(weight[0])
64
# 輸入指令選擇序位0時，則會回傳位在序位0的數值，雖然index函數中有改每
  一筆資料的名稱，但回傳資料仍只會輸出值


# print(weight[1:3])
jimmy   48
john    82
dtype: int64
# 這裡的語法邏輯，為截取weight[1]到weight[2]的數據，若內容不只一項
  時，會顯示index與value的結果



# print(weight['joe'])
104
# 同時具備有序對的鍵值資料庫（key-value）用法，除了呼叫位置外，也能對應
  key的位置輸出value
```

DataFrame

當一個欄位完成後，多個欄位就成了雙維度資料（DataFrame）。假設以下是一份字典資料，其中每個 key 都對應一筆清單形式的值。

範例程式碼

```python
import pandas as pd
dic = {
  "date": ['2020/10/15', '2020/10/16', '2020/10/17', '2020/10/18',
'2020/10/19', '2020/10/20', '2020/10/21'],
  "open": [200, 300, 400, 500, 600, 700, 800],
  "close": [150, 250, 350, 450, 550, 650, 750],
}
```

使用 DataFrame 做出表格：

範例程式碼

```python
df = pd.DataFrame(dic)
# 指定 index
df = pd.DataFrame(dic, index=df['date'])
```

　　表格可能會很大一份，若使用 head(n)、tail(n) 函數，可以決定顯示多少筆資料（n 為顯示的資料數）。head(n) 表示從上到下顯示 n 列資料，tail(n) 表示從下到上顯示 n 列資料。

範例程式碼

```python
print(df.head(5))
print(df.tail(5))
```

結果

```python
# 以下是 print(df.head(5)) 的結果
        date      open close
```

```
date
2020/10/15  2020/10/15  200   150
2020/10/16  2020/10/16  300   250
2020/10/17  2020/10/17  400   350
2020/10/18  2020/10/18  500   450
2020/10/19  2020/10/19  600   550


# 以下是 print(df.tail(5)) 的結果

                date open close
date
2020/10/17  2020/10/17  400    350
2020/10/18  2020/10/18  500    450
2020/10/19  2020/10/19  600    550
2020/10/20  2020/10/20  700    650
2020/10/21  2020/10/21  800    750
```

　　資料顯示方式跟原始不同，多了一列「date」。大家可能會覺得奇怪，這列不是跟第一列 date 的資料一樣嗎？為了讓資料表能更有效的操作，透過指定 index 等於時間，用 print(df['你要指定的時間']) 這個函數，就能回傳該時間段的數值。

　　DataFrame 除了能處理資料，也能做出快速的統計，或呈現相關的數據。舉例來說，想知道前文案例表的統計數據，可以用以下函式：

範例程式碼

```
print(df.info()) # 輸出的結果會將資料表的所有相關數據呈現出，有興趣的朋
                 友可以深入研究
```

結果

```
<class 'pandas.core.frame.DataFrame'>
Index: 7 entries, 2020/10/15 to 2020/10/21
Data columns (total 3 columns):
#Column Non-Null Count Dtype
--- ------ -------------- -----
 0  date  7 non-null     object
 1  open  7 non-null     int64
 2  close 7 non-null      int64
dtypes: int64(2), object(1)
memory usage: 224.0+ bytes
None
```

上方的基本運算結果是整數（int）才能計算。

範例程式碼

```
df.describe()
```

結果

```
           open        close
count    7.00000     7.00000
mean   500.00000   450.00000
std    216.02469   216.02469
min    200.00000   150.00000
25%    350.00000   300.00000
50%    500.00000   450.00000
75%    650.00000   600.00000
max    800.00000   750.00000
```

以上的程式可以得到一張能快速瀏覽相關內部數據的統計資料，大家可以根據個人的使用情境決定是否需要。

接下來跟大家介紹一些常見的操作，主要分成以下幾種代碼（code）：

範例程式碼

```
# 列出 DataFrame 的 index/columns
print(df.index)
print(df.columns)

df.set_index("date" , inplace=True) # 表示將 date 資料轉移至 index，下次呼
                                      叫 value 時，不會回傳 date，概念同讓
                                      date 成為 key
print(df)

df.reset_index(inplace=True) # 重製 index，取代現在的 index
print(df)


# 以下 4 種操作要很熟悉
print(df.to_dict('dict')) # 將 DataFrame 轉換為 index 為 key，內容各自對
                            應順序為 key-value 的 dictionary 資料結構

print(df.to_dict('list')) # 將 DataFrame 轉換為 colume 為 key，調整欄位為
                            list-value 的資料結構

print(df.to_dict('index')) # 將 DataFrame 轉換為 index 為 key，該 row 為
                             list-value 的資料結構

print(df.values.tolist()) # 將 DataFrame 的 value 直接轉換為 list-list 的
                            資料結構
```

結果

```
# print(df.to_dict('dict')) 的結果
{'date': {0: '2020/10/15', 1: '2020/10/16', 2: '2020/10/17', 3:
'2020/10/18', 4: '2020/10/19', 5: '2020/10/20', 6: '2020/10/21'}, 'open':
{0: 200, 1: 300, 2: 400, 3: 500, 4: 600, 5: 700, 6: 800}, 'close': {0: 150, 1:
250, 2: 350, 3: 450, 4: 550, 5: 650, 6: 750}}


# print(df.to_dict('list')) 的結果
{'date': ['2020/10/15', '2020/10/16', '2020/10/17', '2020/10/18',
'2020/10/19', '2020/10/20', '2020/10/21'], 'open': [200, 300, 400, 500,
600, 700, 800], 'close': [150, 250, 350, 450, 550, 650, 750]}


# print(df.to_dict('index'))  的結果
{0: {'date': '2020/10/15', 'open': 200, 'close': 150}, 1: {'date':
'2020/10/16', 'open': 300, 'close': 250}, 2: {'date': '2020/10/17',
'open': 400, 'close': 350}, 3: {'date': '2020/10/18', 'open': 500,
'close': 450}, 4: {'date': '2020/10/19', 'open': 600, 'close': 550},
5: {'date': '2020/10/20', 'open': 700, 'close': 650}, 6: {'date':
'2020/10/21', 'open': 800, 'close': 750}}


# print(df.values.tolist()) 的結果
[['2020/10/15', 200, 150], ['2020/10/16', 300, 250], ['2020/10/17', 400,
350], ['2020/10/18', 500, 450], ['2020/10/19', 600, 550], ['2020/10/20',
700, 650], ['2020/10/21', 800, 750]]
```

　　範例中 4 種操作需要很熟練，未來在程式的運用上才會方便，使用
pandas 轉換資料，可以將資料直接轉成想要的資料結構並且存成 csv，會
加速資料處理的整體速度與操作步驟。

在這些操作後，任何資料都能轉成 DataFrame。DataFrame 基本上能轉成任何種資料形式，所以只要熟悉操作 pandas，就能將 csv 當成資料儲存的位置，將爬蟲當成資料來源，所有資料處理、轉換、增刪改，都交給 pandas 操作即可，是不是非常方便呢？

Pandas DataFrame 有 4 種常見的操作，包含：

1. 新增／修改 Pandas DataFrame 資料。

2. 刪除 Pandas DataFrame 資料。

3. 篩選 Pandas DataFrame 資料。

4. 排序 Pandas DataFrame 資料。

除了常見的幾種操作，也會補充進階的操作，教大家合併 DataFrame 資料，以及填充和處理 NaN/NA 值。

一開始取得的前置資料如下方所示：

範例程式碼

```
import pandas as pd
dic = {
  "date": ['2020/10/15', '2020/10/16', '2020/10/17', '2020/10/18',
'2020/10/19', '2020/10/20', '2020/10/21'],
  "open": [200, 300, 400, 500, 600, 700, 800],
  "close": [150, 250, 350, 450, 550, 650, 750],
}
df = pd.DataFrame(dic)
df = pd.DataFrame(dic, index=df['date'])
df.set_index("date", inplace=True)
print(dp)
```

運用 Pandas DataFrame 將資料整理成以下：

結果

```
          open close
date
2020/10/15  200    150
2020/10/16  300    250
2020/10/17  400    350
2020/10/18  500    450
2020/10/19  600    550
2020/10/20  700    650
2020/10/21  800    750
```

新增 DataFrame 資料

1. 直接插入，如同 dictionary，注意插入的數值長度要與原資料一致。

範例程式碼

```
df["high"]=[111, 222, 333, 444, 555, 666, 777]
print(df)
```

結果

```
          open  close  high
date
2020/10/15  200    150   111
2020/10/16  300    250   222
2020/10/17  400    350   333
2020/10/18  500    450   444
2020/10/19  600    550   555
```

```
2020/10/20  700    650    666
2020/10/21  800    750    777
```

2. 使用 insert 的方式，插入整欄資料至某一列。

範例程式碼

```
df.insert(0,"high",[111, 222, 333, 444, 555, 666, 777])
print(df)
```

可以發現「high」這一列的位置比其他資料還前面。

結果

```
          high open close
date
2020/10/15  111    200    150
2020/10/16  222    300    250
2020/10/17  333    400    350
2020/10/18  444    500    450
2020/10/19  555    600    550
2020/10/20  666    700    650
2020/10/21  777    800    750
```

3. 以 append 增加列（row）的方式新增資料，邏輯跟 list 類似。

範例程式碼

```
df = df.append({'open': 158, 'close' : 168}, ignore_index=True)
print(df)
```

　　用「ignore_index=True」能將資料新增到最後，也會自動產出一個新的 index。

結果

```
   open close
0  200   150
1  300   250
2  400   350
3  500   450
4  600   550
5  700   650
6  800   750
7  158   168
```

　　如果原本資料中沒有「date」的項目，需要插入 date 數值，可以怎麼操作呢？

範例程式碼

```
df = df.append({'date': '2021/10/31', 'open':158, 'close' : 168}, ignore_
index=True)
print(df)
```

　　雖然有新增欄位，但其他數值都是空值，故會自動填入 NaN（pandas 中 Not a Number 會以 NaN 表示）。

結果

```
   open close   date
0  200   150    NaN
```

```
1   300    250    NaN
2   400    350    NaN
3   500    450    NaN
4   600    550    NaN
5   700    650    NaN
6   800    750    NaN
7   158    168    2021/10/31  # 數值直接放置在此處
```

4. 使用 loc[n] 針對順序插入 row 資料。

範例程式碼

```python
df.loc['2021/12/31'] = [456, 4567]
df.loc['2021/11/31'] = [789, 6789]
print(df)
```

結果

```
            open  close
date
2020/10/15   200   150
2020/10/16   300   250
2020/10/17   400   350
2020/10/18   500   450
2020/10/19   600   550
2020/10/20   700   650
2020/10/21   800   750
2021/12/31   456  4567  # 資料會新增在特定位置
2021/11/31   789  6789  # 資料會新增在特定位置
```

　　有沒有發現，前兩種方式將資料變成 index，後兩種將資料照順序填入 row，其實是取代的意思，如果數值存在就取代它，如果不存在則新增一筆。

範例程式碼

```
df.loc['2021/12/31'] = [456, 4567]
df.loc['2020/10/16'] = [789, 6789]
print(df)
```

結果

```
            open  close
date
2020/10/15  200    150
2020/10/16  789   6789  # 原本存在會直接取代
2020/10/17  400    350
2020/10/18  500    450
2020/10/19  600    550
2020/10/20  700    650
2020/10/21  800    750
2021/12/31  456   4567  # 不存在的則會新增
```

刪除 DataFrame 資料

範例程式碼

```
# 使用 drop 指定欄位，記得要設定 axis=1 為欄，若 axis=0 代表列
drop_col = df.drop(['open'], axis=1)
drop_row = df.drop(['2020/10/17'], axis=0)
```

```
print(drop_col)
print(drop_row)
```

結果

```
# open 欄被刪除
          close
date
2020/10/15   150
2020/10/16   250
2020/10/17   350
2020/10/18   450
2020/10/19   550
2020/10/20   650
2020/10/21   750
# 2020/10/17 列的資料被刪除
          open close
date
2020/10/15  200    150
2020/10/16  300    250
2020/10/18  500    450
2020/10/19  600    550
2020/10/20  700    650
2020/10/21  800    750
```

篩選 DataFrame 資料

以下的操作比較偏向下條件式的用法，需要多多熟練。

範例程式碼

```
# loc指向的是index的名稱
print(df.loc["2020/10/19"]) # 選 "2020/10/19" 的資料
print(df.loc["2020/10/18", ['open']]) # 選 "2020/10/18" 的open資料
print(df.loc[:, ['open']] ) # 選所有的open資料
```

結果

```
# print(df.loc["2020/10/19"])
open    600
close   550
Name: 2020/10/19, dtype: int64

# print(df.loc["2020/10/18", ['open']])
open   500
Name: 2020/10/18, dtype: int64

# print(df.loc[:, ['open']] )
          open
date
2020/10/15   200
2020/10/16   300
2020/10/17   400
2020/10/18   500
2020/10/19   600
2020/10/20   700
2020/10/21   800
```

「iloc」語法更偏向於順序與 list 切片式的做法。

範例程式碼

```
# iloc 指向的是 index 位置
print(df.iloc[3])       # 取出第 4 列
print(df.iloc[0:5, 0:1]) # 取出一個區塊 (row_idx=0, 1 and col_idx=0,1)
print(df.iloc[1:4, :])   # 根據 row index 選擇
print(df.iloc[:, 1:3])   # 根據 column index 選擇
```

結果

```
# print(df.iloc[3]) 的結果
open    500
close   450
Name: 2020/10/18, dtype: int64


# print(df.iloc[0:5, 0:1]) 的結果
          open
date
2020/10/15  200
2020/10/16  300
2020/10/17  400
2020/10/18  500
2020/10/19  600


# print(df.iloc[1:4, :]) 的結果
          open close
date
2020/10/16  300   250
2020/10/17  400   350
```

```
2020/10/18   500    450

# print(df.iloc[:, 1:3]) 的結果
          close
date
2020/10/15   150
2020/10/16   250
2020/10/17   350
2020/10/18   450
2020/10/19   550
2020/10/20   650
2020/10/21   750
```

學會篩選，便能一目瞭然地閱讀資料。

排序 DataFrame 資料

首先，將取得的資料做基本的整理。

範例程式碼

```
import pandas as pd
new_dic = {
  "date": ['2020/10/15', '2020/10/16', '2020/10/17', '2020/10/18',
'2020/10/19', '2020/10/20', '2020/10/21'],
  "open": [112, 157, 185, 112, 157, 185, 112],
  "close": [250, 250, 250, 125, 125, 125, 50],
}
df = pd.DataFrame(new_dic)
df = pd.DataFrame(new_dic, index=df['date'])
```

```
df.set_index("date", inplace=True)
print(df)
```

結果

```
         open close
date
2020/10/15  112    250
2020/10/16  157    250
2020/10/17  185    250
2020/10/18  112    125
2020/10/19  157    125
2020/10/20  185    125
2020/10/21  112     50
```

以 sort 函數，排序 DataFrame 資料：

範例程式碼

```
# 將 open 列的數據依照數值大小進行小至大的排序
sort_df = df.sort_values(['open'], ascending=True)
print(sort_df)
# 將 open、close 列數據依照數值大小進行大至小排序
sort_df = df.sort_values(['open','close'], ascending=False)
print(sort_df)
```

結果

```
# 只針對 open 列進行小到大的排序，但 close 列不動
         open close
date
```

```
2020/10/15  112    250
2020/10/18  112    125
2020/10/21  112     50
2020/10/16  157    250
2020/10/19  157    125
2020/10/17  185    250
2020/10/20  185    125


# 此用法通常用在同個open值中有不同的close值，並進行排序
         open  close
date
2020/10/17  185    250
2020/10/20  185    125
2020/10/16  157    250
2020/10/19  157    125
2020/10/15  112    250
2020/10/18  112    125
2020/10/21  112     50
```

合併 DataFrame 資料

 語法說明

列合併：concat()

欄合併：merge()

首先，拿到資料後設定好初始資料，並建立 DataFrame。

範例程式碼

```
data_1 = {
  "date": ['2020/10/15', '2020/10/16', '2020/10/17'],
  "open": [200, 300, 400],
  "close": [150, 250, 350],
}

data_2= {
  "date": ['2020/10/19', '2020/10/20', '2020/10/21'],
  "open": [600, 700, 800],
  "close": [550, 650, 750],
}
formerdata = pd.DataFrame(data_1)
lastdata = pd.DataFrame(data_2)
```

以 concat() 函數合併資料。

範例程式碼

```
data_3 = pd.concat([formerdata, lastdata])
print(data_3)

# 重新排列index，以免整合後index亂掉
data_4 = pd.concat([formerdata, lastdata], ignore_index=True)
print(data_4)
```

結果

```
# 只有合併沒有重設 index
     date      open  close
0 2020/10/15  200    150
1 2020/10/16  300    250
2 2020/10/17  400    350
0 2020/10/19  600    550
1 2020/10/20  700    650
2 2020/10/21  800    750


# 合併後重設 index
     date      open  close
0 2020/10/15  200    150
1 2020/10/16  300    250
2 2020/10/17  400    350
3 2020/10/19  600    550
4 2020/10/20  700    650
5 2020/10/21  800    750
```

　　若以 merge() 函數合併資料，一開始的做法一樣是先建立資料與創建 DataFrame。

範例程式碼

```
data_1 = {
  "date": ['2020/10/15', '2020/10/16', '2020/10/17'],
  "open": [200, 300, 400],
  "close": [150, 250, 350],
}
```

```
data_2 = {
    "date": ['2020/10/15', '2020/10/16', '2020/10/17'],
    "vol": [23, 21, 55],
}


formerdata = pd.DataFrame(data_1)
lastdata = pd.DataFrame(data_2)
print(formerdata)
print(lastdata)
```

資料會如以下：

結果

```
     date  open  close
0 2020/10/15   200    150
1 2020/10/16   300    250
2 2020/10/17   400    350
     date  vol
0 2020/10/15   23
1 2020/10/16   21
2 2020/10/17   55
```

再以 merge() 函數進行合併。

範例程式碼

```
data_3 = pd.merge(formerdata, lastdata)
```

　　要特別注意，如果資料長度不一致或是格式不同，pandas 預設會省略資料，只合併位置有對應到的資料。

結果

```
      date open close vol
0 2020/10/15  200   150  23
1 2020/10/16  300   250  21
2 2020/10/17  400   350  55
```

填充或處理 NaN/NA 值

　　在資料處理的過程中，很常會遇到資料不見、缺失、異常等情形。當資料有缺失就難以分析，因此需要先針對有問題的資料做處埋，才有辦法分析。

　　以下會用到「numpy」套件，一樣先透過 Pycharm 左下方的 Terminal pip 安裝 numpy。

　　numpy 是 Python 中對於資料處理更講求效能的套件，難度也相對更高，因此在這部分，僅用到產生 NaN 的功能，並不是 numpy 套件的所有操作方式。

　　先創建一份資料，並轉成 DataFrame：

範例程式碼

```
import pandus as pd
import numpy as np


df = pd.DataFrame(
    [
```

```
    [np.nan, 2, np.nan, 0],
    [3, 4, 6, 1],
    [np.nan, np.nan, np.nan, 5],
    [np.nan, 3, np.nan, 4]
    ],
    columns=list('ABCD')
)


print(df)
```

結果

```
     A    B    C  D
0  NaN  2.0  NaN  0
1  3.0  4.0  6.0  1
2  NaN  NaN  NaN  5
3  NaN  3.0  NaN  4
```

　　邏輯上是先填補缺失值，再使用某些方式填進數值。以下會示範幾種做法，不表示這是最正確的處理方式。各種資料填補方式與需求都不一樣，有些缺漏的資料缺了就是缺了，不應該被填補，因此應該根據每項資料與需求，決定如何填充與處理缺漏資料。

範例程式碼

```
# 刪掉 NaN 對應的欄與列，只留下資料完整的表格
clean = df.dropna()
print(clean)


# 以 0 填補
```

```
nadf = df.fillna(0)
print(nadf)


# 以-999填補
df99 = df.fillna(-999)
print(df99)


# 以該欄位所有資料的算術平均數填補
mean_df = df.fillna(df.A.mean())
print(mean_df)


# 以該欄位所有資料的中位數填補
med = df.fillna(df.median())
print(med)
```

結果

```
# df.dropna() 的結果
     A    B    C  D
1  3.0  4.0  6.0  1


# df.fillna(0) 的結果
     A    B    C  D
0  0.0  2.0  0.0  0
1  3.0  4.0  6.0  1
2  0.0  0.0  0.0  5
3  0.0  3.0  0.0  4


#  df.fillna(-999) 的結果
```

```
        A       B        C     D
0 -999.0     2.0    -999.0    0
1    3.0     4.0       6.0    1
2 -999.0  -999.0    -999.0    5
3 -999.0    3.0    -999.0    4


# df.fillna(df.A.mean()) 的結果
    A   B   C  D
0 3.0 2.0 3.0  0
1 3.0 4.0 6.0  1
2 3.0 3.0 3.0  5
3 3.0 3.0 3.0  4


# df.fillna(df.median()) 的結果
    A   B   C  D
0 3.0 2.0 6.0  0
1 3.0 4.0 6.0  1
2 3.0 3.0 6.0  5
3 3.0 3.0 6.0  4
```

　　fillna 參數有很多實用的功能，這裡舉的例子以「read」讀取資料與「to_csv」儲存成 csv 檔案為主。

```
import pandas as pd
import numpy as np


df = pd.DataFrame(
   [
     [np.nan, 2, np.nan, 0],
```

```
        [3, 4, 6, 1],
        [np.nan, np.nan, np.nan, 5],
        [np.nan, 3, np.nan, 4]
    ],
    columns=list('ABCD')
)
nadf = df.fillna(0)

# 以下函數可以存成 csv
nadf.to_csv('price_data.csv')

# 如果要讀取某份 csv，可以用以下函數
pd.read_csv('2330台積電.csv')
```

　　整理 DataFrame 的方法有很多，包含新增、修改、取得、刪除、篩選和排序資料等，最常見的使用方法有很多程式都能做到，但 pandas 的功能非常多，隨著使用情境的不同，也有不同的功能可以對應，因此藉由整理 DataFrame，帶大家熟練 Python 常見的功能、套件、語法與基本使用情境。

GET 爬蟲，取得網站的靜態資料

爬蟲是資料蒐集中相當重要的一環，談到爬蟲，不得不談到網頁架構。你可能會好奇：「爬蟲與網頁架構有什麼關聯呢？」

其實爬蟲的作用，就是將網站上的資料擷取下來。當你需要網站上的某篇文章內容或表格資料，可能會複製資料，貼在 Word 上，若需要某張圖片，會點選右鍵另存圖片。

這些步驟可以聯想成爬蟲的作用，是一種讓程式執行人為行動的方法，事先告訴程式想要哪些資料、資料長什麼樣子、存下來的排版或是分類方式等資訊，讓程式可以照個人需求取得資訊。

爬蟲的核心，網頁架構

網頁一般分為使用者接觸的前端，與使用者接觸不到的後端。

進到一個網頁中，呈現出漂亮的頁面、圖片和按鍵，這些能與使用者互動的功能，都屬於前端。而後端著重於資料儲存，當使用者在前端操作，會產生許多資料，這些資料會保存在後端，例如：註冊某個電商網站的會員，註冊完的帳號密碼、下單的訂單等資料，就是保存在後端。

圖表 4-6，可以很清楚的了解網頁前端與後端的差異與功能。

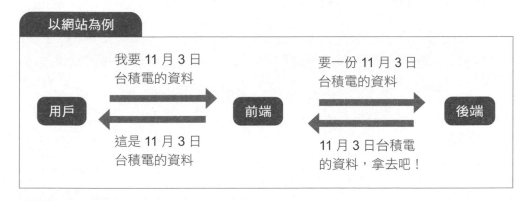

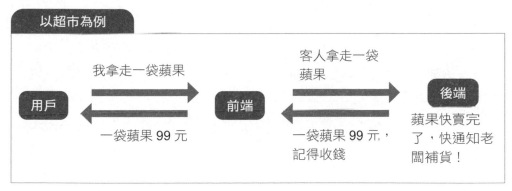

▲ 圖表 4-6　網頁前、後端的運作

網路爬蟲的運作方式

將網頁架構想像成超市就會很好理解。

網頁後端如同超市的營運管理系統，決定牛奶賣多少錢、物流多久進一次貨、一天營業額如何計算等。網頁後端就是資料庫，決定程式該怎麼運作，用戶無法從介面看到的功能與設計。

前端就像是超市中的陳列和規畫，牛奶會放在哪一櫃、櫃台設置在哪邊、店內動線怎麼規畫、能坐下來休息的區域在哪、如何讓客戶覺得逛超市的體驗感很好，這些客戶第一線會接觸到的功能。

當我們使用網路爬蟲來擷取資料時，就如同自己上網找資料，把需要的資料存下來，大多是與網頁前端互動，因此要學習爬蟲的功能，一定要認識網頁前端。

網頁前端

網頁前端由 3 大元素組成：超文本標記語言（HyperText Markup Language, HTML）、階層式樣式表（Cascading Style Sheets, CSS）、Javascript。

HTML 是組成網頁的基本架構，包含文字、圖片、超連結、表格等內容，例如：看到內容有「image」就知道這是圖片內容。將網頁比喻成超市，在規畫店面時，要有防火設備、出入口、燈光、員工、商品等最基本的設備，HTML 就是設計網頁時最基本的配備，建構出網頁的架構。

當超市燈光色彩、地板材質、員工服裝、桌椅配色等外觀有所改變，提供給消費者的感受就會不同，網頁也是一樣，可以透過 CSS 美化網頁，像是更改網頁顏色、文字顏色、旋轉、模糊等美感方面的進階設計。

如同超商中設有 ibon、FamiPort 等機器，提供消費者多種服務，多數店家結帳時可以掃描載具、選擇用悠遊卡支付等措施，在網頁中運用 Javascript，便能呈現網頁動態效果，描述網頁如何與使用者互動，像是按下哪個按鈕可以顯示文章，在空格輸入日期可以查詢內容等。

網頁前端便是透過 HTML 和 CSS 的相互合作，以期望呈現的視覺體驗建立出網頁，並藉由 JavaScript，在只能閱覽文字與影像的網頁中，加入動態效果與使用者互動。

運用爬蟲爬取資料，就是針對這 3 大元素進行資料蒐集。

requests、get 的概念與邏輯

requests、get 是爬蟲中很常使用的方法，原理是透過 requests 和 get，向目標網站發出請求，以取得內容，目標網站就會做出回應，回傳網站的原始碼，通常為 HTML 文件。

網路爬蟲主要是解析 HTML 文件並取出所需的資料。因此學習爬蟲的過程，一定要了解網站的原始碼，若不知道網頁原始碼的樣子、如何解析，就如同到超市想買東西，卻不知道放在哪裡、長怎麼樣。所以還是要認識網頁內容，才能理解爬蟲的運作模式。

圖表 4-7 為網頁解析呈現的樣子，其中以紅框圈出的地方，看起來很像一般的文字內容，這是網站上會顯示的文字，爬蟲的目標通常就是這些文字。

粉色箭頭處可以看見「頭」（head）、「身體」（body）等單字，head 指的是網站頁面的大標框架，就如同超市的招牌，head 相當於招牌的框架。「標題」（title），指的是名稱，讓使用者一眼就可以知道這個網站的用處，就像是商店招牌上的名稱。body 如同超市內的東西，指網頁內容，解析網頁可以看到 head 項目裡只有放入 title，其他內容都放入 body 內。

圖表 4-8 中綠色箭頭指出的 < 名稱 > 與 </ 名稱 >，後面的程式碼多了一個斜線（/）符號，在 HTML 中，是為了告訴使用者上一個 < 名稱 > 中的內容，到 </ 名稱 > 這裡就算結束。透過這些符號，我們可以知道當中是否有需要的內容。

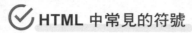

HTML 中常見的符號

h2：標題的大小，通常有 h1 ～ h6

p：指一般文字

a：標籤，通常會跟超連結一起出現

b：讓文字粗體

```html
<html>
 <head>
  <title>
   Hello World
  </title>
 </head>
 <body>
  <h2>
   Test Header
  </h2>
  <p>
   This is a test.
  </p>
  <a href="/my_link1" id="link1">
   Link 1
  </a>
  <a href="/my_link2" id="link2">
   Link 2
  </a>
  <p>
   Hello,
   <b class="boldtext">
    Bold Text
   </b>
  </p>
 </body>
</html>
```

▲ 圖表 4-7　網頁架構的程式碼 -1

```html
<html>
 <head>
  <title>
   Hello World
  </title>
 </head>
 <body>
  <h2>
   Test Header
  </h2>
  <p>
   This is a test.
  </p>
  <a href="/my_link1" id="link1">
   Link 1
  </a>
  <a href="/my_link2" id="link2">
   Link 2
  </a>
  <p>
   Hello,
   <b class="boldtext">
    Bold Text
   </b>
  </p>
 </body>
</html>
```

▲ 圖表 4-8　網頁架構的程式碼 -2

　　圖表 4-8 橘色箭頭指出的 b（粗體）後面多了「class」，指針對這個內容套用的類別，通常是讓該內容可使用 CSS 的設計，例如：若希望 100 段文字內，以紅色標示想強調的內容並放大字體，這時可以呼叫負責轉成紅色且放大文字的 CSS 內容，套用在想要的段落上，可以避免重複寫程式。

搭配 BeautifulSoup（bs4）做資料剖析

這裡以爬取鉅亨網的內容當作範例。

▲ 圖表 4-9　鉅亨網首頁

以 chrome 開啟網頁後，按下鍵盤 F12，進到開發者工具，點選標籤「Elements」（見圖表 4-10）。

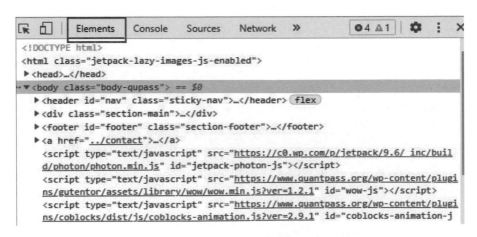

▲ 圖表 4-10　按下 F12 後會看見的畫面

點下標籤後，會進到圖表 4-11 的內容。

▲ 圖表 4-11　點選標籤「Elements」後會看見的畫面

可以檢視 HTML 觀察文章的目標放在哪裡（見圖表 4-12）。

▲ 圖表 4-12　可以檢視文章目標的位置

　　在此網站中，文章都是設置在「class="_2nhA theme-left-col"」裡。確認文章目標後，可以開始編碼。先安裝和匯入需要用到的套件，在這裡需要用到「requests」與「bs4」，兩者都需要用 pip 安裝。

範例程式碼

```
import requests
from bs4 import BeautifulSoup
```

範例程式碼

```
# 利用 requests 先 get 網頁的所有資料，並且在後面補上 content 輸出內容
res = requests.get('https://news.cnyes.com/news/cat/headline?exp=a').
content

# 用 BeautifulSoup 套件解析，解析格式是 'html.parser'
soup = BeautifulSoup(res, 'html.parser')

# 解析完後開始操作網頁內容，找出對應的資料
go = soup.find("div", {"class": "_2bFl theme-list"})
basic = 'https://news.cnyes.com'
```

這樣初步的網頁內容就完成了，不過此階段資料還很雜亂。

結果

```
<div class="_2bFl theme-list"data-reactid="225"><div data-reactid="
226"style="height:70px;"><a class="_1Zdp"data-reactid="227"href="/
news/id/4653490"style="display:block;"title="〈國內疫情升溫〉
華邦電中科廠一名員工確診 不影響營運"><div class="_67tN theme-
meta"data-reactid="228"><time data-reactid="229"datetime="2021-
05-30T21:06:58+08:00">21:06</time><div class="_jFb7 theme-sub-
cat"data-reactid="230">台股新聞</div></div><div class="_1xc2"data-
reactid="231"><h3 data-reactid="232">〈國內疫情升溫〉華邦電中科廠
```

```
一名員工確診 不影響營運</h3><figure class=""data-reactid="233"><img
alt=""data-reactid="234"src="https://cimg.cnyes.cool/prod/
news/4653490/s/dc98f10fe12d67a23eca838633bf7a57.jpg"srcset="https://
cimg.cnyes.cool/prod/news/4653490/s/dc98f10fe12d67a23eca838633bf7a57.
jpg 1x,https://cimg.cnyes.cool/prod/news/4653490/m/dc98f10fe12d67a23e
ca838633bf7a57.jpg 2x,https://cimg.cnyes.cool/prod/news/4653490/l/dc
98f10fe12d67a23eca838633bf7a57.jpg 3x"/><!-- react-text: 235 --><!-- /
react-text --></figure></div></a></div><div data-reactid="236"style="h
eight:70px;"><a class="_1Zdp"data-reactid="237"href="/news/id/4653487"
style="display:block;"title="富邦集團擴大捐款全台十醫院及六縣市 累計金
額2億元"><div class="_67tN theme-meta"data-reactid="238">
...[略]
```

接著整理資料，找出前 5 篇最新的新聞。分開網址與文字，並且用
「find_all」函數中的 list 特性，找出前 5 篇新聞，同時將找到的內容存
在 news 的 list 內。

範例程式碼

```
basic = 'https://news.cnyes.com'
news = []
for i in range(5): # 只找最近5則新聞
  news.append(
    [
      go.find_all('a')[i].text,
      basic+go.find_all('a')[i]['href']
    ]
  )
```

```
# 把結果條列式 print 出來
for n in news:
    print(n)
```

結果

['21:06台股新聞〈國內疫情升溫〉華邦電中科廠一名員工確診 不影響營運',
'https://news.cnyes.com/news/id/4653490?exp=a']
['21:06台股新聞富邦集團擴大捐款全台十醫院及六縣市 累計金額2億元',
'https://news.cnyes.com/news/id/4653487?exp=a']
['20:02台股新聞〈國內疫情升溫〉郭台銘更新購BNT疫苗新進度 72小時內拚申
請文件', 'https://news.cnyes.com/news/id/4653486?exp=a']
['18:57鉅亨新視界〈觀察〉蘋概鏈你追我趕 台廠劍指日廠 紅色浪潮緊追在後',
'https://news.cnyes.com/news/id/4653480?exp=a']
['17:56台股新聞高端與疾管署簽署新冠疫苗採購合約 達500萬劑', 'https://
news.cnyes.com/news/id/4653478?exp=a']

透過以上範例的編碼，可以很簡單地執行爬蟲，取得所需的資料。

POST 爬蟲，提出要求向對方索取資料

post 與 get 的差別在於 get 只是拿取看得到的內容，而 post 是指定某
些條件取得對應的資料。以超市為例，post 就像是你走進店內直接跟櫃
台說：「我來取貨、我要什麼。」同樣的概念套用在網路上，就是給伺
服器一個指令，讓它們執行對應的動作，並把結果回傳給你。

post 的基本使用方式

post 基本上會用到 requests.post() 函數，括號中放進網址或附加的資料，預設是 data，資料類型是什麼，要看對方的限制而定。

基礎模板

```
import requests


url = "" # 雙引號中填入網站連結
payload = {


}
# 代入的檔案只接受json檔時
res_json = requests.post(url, json=payload) print(res_json.content)


# 代入的檔案內容皆可接受時
res_data = requests.post(url, data=payload) print(res_data.content)
```

用 post 取得特定日期資料

當日資料我們能輕易取得，但如果是歷史資料，該怎麼操作呢？尤其是台灣期貨交易所新架設的網頁，拿不到指定日期資料，能怎麼辦呢？以下的範例帶大家操作如何取得特定日期的資料，即使是歷史資料，也能順利爬出資料。

圖表 4-13 是要在期交所中擷取的資料時間。

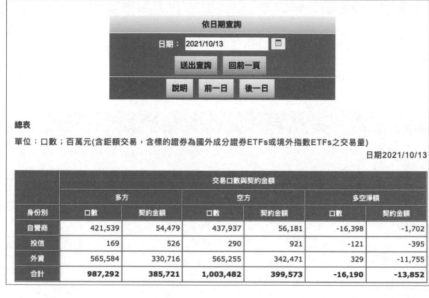

▲ 圖表 4-13　預計取得期交所 **2021** 年 **10** 月 **13** 日三大法人交易資料

按下 F12，在開發者工具中找到「Network」（見圖表 4-14）。

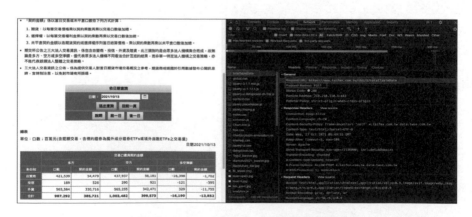

▲ 圖表 4-14　按下 **F12** 會出現的畫面

圖表 4-15 中可以發現，這裡無法顯示歷史數據，因此要用 post

取得過往資料。將開發者工具頁面拉到底下，找出需要運用的資料。

▲ 圖表 4-15　程式碼顯示此處無法顯示歷史數據

圖表 4-15 紅框處就是我們需要的程式碼。

範例程式碼

```
import requests
from bs4 import BeautifulSoup


url = 'https://www.taifex.com.tw/cht/3/totalTableDate'
payload = {
```

```
    'queryType': 1,
    'goDay': '',
    'doQuery': 1,
    'dateaddcnt': '',
    'queryDate': "2021/10/16",
}
res_json = requests.post(url, payload)
soup = BeautifulSoup(res_json.content, 'html.parser').find_all('table')
print(soup)
```

　　輸入以上程式碼，就能取得特定期間的資料，至於取得資料後的處理，邏輯和前文以 get 擷取資料的處理相同，可以根據自己的需求，參考前文提到的方式整理。

實戰❶ 取得證券清單

以取得證券清單為範例，教大家實作爬蟲，實戰❶的目標為爬出圖表 4-16（見下頁）的資訊，找到 2021 年 5 月 31 日的證券清單[*]。

首先以 import 語法導入操作中會用到的套件。

範例程式碼

```
import requests
from bs4 import BeautifulSoup
import pandas as pd
```

接著指定網址取得對應內容。以下範例中會將程式碼拆成幾段，並組成函數讓大家易於理解。

---

[*] 該處資料會每日更新，可以搜尋「本國上市證券國際證券辨識號碼一覽表」，獲取當日最新的資料。

本國上市證券國際證券辨識號碼一覽表

最近更新日期:2021/05/31

掛牌日以正式公告為準

有價證券代號及名稱	國際證券辨識號碼(ISIN Code)	上市日	市場別	產業別	CFICode	備註
股票						
1101　台泥	TW0001101004	1962/02/09	上市	水泥工業	ESVUFR	
1102　亞泥	TW0001102002	1962/06/08	上市	水泥工業	ESVUFR	
1103　嘉泥	TW0001103000	1969/11/14	上市	水泥工業	ESVUFR	
1104　環泥	TW0001104008	1971/02/01	上市	水泥工業	ESVUFR	
1108　幸福	TW0001108009	1990/06/06	上市	水泥工業	ESVUFR	
1109　信大	TW0001109007	1991/12/05	上市	水泥工業	ESVUFR	
1110　東泥	TW0001110005	1994/10/22	上市	水泥工業	ESVUFR	
1201　味全	TW0001201002	1962/02/09	上市	食品工業	ESVUFR	
1203　味王	TW0001203008	1964/08/24	上市	食品工業	ESVUFR	
1210　大成	TW0001210003	1978/05/20	上市	食品工業	ESVUFR	
1213　大飲	TW0001213007	1981/04/10	上市	食品工業	ESVUFR	
1215　卜蜂	TW0001215002	1987/07/27	上市	食品工業	ESVUFR	
1216　統一	TW0001216000	1987/12/28	上市	食品工業	ESVUFR	
1217　愛之味	TW0001217008	1989/10/28	上市	食品工業	ESVUFR	
1218　泰山	TW0001218006	1989/11/11	上市	食品工業	ESVUFR	
1219　福壽	TW0001219004	1990/12/01	上市	食品工業	ESVUFR	
1220　台榮	TW0001220002	1991/11/20	上市	食品工業	ESVUFR	
1225　福懋油	TW0001225001	1993/09/27	上市	食品工業	ESVUFR	
1227　佳格	TW0001227007	1994/04/09	上市	食品工業	ESVUFR	
1229　聯華	TW0001229003	1976/07/19	上市	食品工業	ESVUFR	
1231　聯華食	TW0001231009	1995/11/02	上市	食品工業	ESVUFR	
1232　大統益	TW0001232007	1996/02/09	上市	食品工業	ESVUFR	
1233　天仁	TW0001233005	1999/01/20	上市	食品工業	ESVUFR	

▲ 圖表 4-16　2021 年 5 月 31 日的證券清單

宣告函數名稱，並且決定取得哪個網站的資料，以「dict」的型態。大家可以傳入上市或上櫃的資料，兩者皆可套用一樣的語法。

範例程式碼

```
def list_stock(input_type):
  # 將上市與上櫃區分成dictionary的value，方便直接呼叫出來使用
  list_stocks = {
```

```
    'exchange': 'https://isin.twse.com.tw/isin/C_public.
jsp?strMode=2',
    'counter': 'https://isin.twse.com.tw/isin/C_public.jsp?strMode=4'
  }
```

用以下範例中的程式碼 get 網址內容。

範例程式碼

```
# 上櫃就換成 counter
getdata = requests.get(
  list_stocks[input_type],
  headers=headers
)
```

因為這個網頁的字形比較特殊，我們先用可以取得網頁字形的程式 print(getdata.encoding) 取得所需的字形，得知結果為 MS950。

範例程式碼

```
print(getdata.encoding) # 輸出結果為 MS950
```

得知資訊所處的內部位置與 class 名稱後，就能用以下程式碼取得網站資訊。

範例程式碼

```
soup = BeautifulSoup(
  getdata.content,
  'html.parser',
```

```
    from_encoding='MS950'
).find('table', class_='h4')
```

因為證券網站的資料是表格，在網頁程式碼中表格的代碼分別是 tr（table row）、td（table data），每一個 tr 內包含一筆 td，資料內容會放在 td 中，因此要做兩層迴圈，才能順利跑出資料。

範例程式碼

```
datalist = []
for col in soup.find_all_next('tr'):
  datalist.append(
    [row.text for row in col.find_all('td')]
  )
print(datalist)
```

輸出結果後會發現股票名稱全混在一起，所以接下來要針對字串做處理。

範例程式碼

```
for deal_str in datalist[1:]:
  if len(deal_str) == 7:
    last = deal_str[0].split('\u3000')[1]
    deal_str[0] = deal_str[0].split('\u3000')[0]
    deal_str.insert(1, last)
```

再設定 title 轉給 pandas。

範例程式碼

```
title = [
    '有價證券代號及名稱',
    '國際證券辨識號碼 (ISIN Code)',
    '上市日',
    '市場別',
    '產業別',
    'CFICode',
    '備註'
]
df = pd.DataFrame(datalist[1:], columns=title)
print(df)
```

結果

	有價證券代號及名稱	國際證券辨識號碼 (ISIN Code)	...	產業別	CFICode	備註
0	上櫃認購(售)權證	None	...	None	None	None
1	711573　譜瑞中信06購01	TW20Z7115732	...	RWSCCE		
2	711654　元太中信06購01	TW20Z7116540	...	RWSCCE		
3	711864　中美晶中信06購01	TW20Z7118645	...	RWSCCE		
4	711865　中美晶中信06購02	TW20Z7118652	...	RWSCCE		
...	...　...　...	...　...　...	...			
6987	01108S　031中租賃B	TW00001108S3	...	DAFUBR		
6988	01109S　051中租賃A	TW00001109S1	...	DAFUBR		
6989	01110S　051中租賃B	TW00001110S9	...	DAFUBR		
6990	01111S　081中租賃A	TW00001111S7	...	DAFUFR		
6991	01112S　081中租賃B	TW00001112S5	...	DAFUFR		

最後將這份存到 csv 中就完成。

範例程式碼

```
df.to_csv( '{}_list.csv' .format(input_type), index=False)
```

上櫃清單也是一樣的處理方式，只要用這兩種方式切換函數就可以呼叫出不同的清單。

範例程式碼

```
# 上市
list_stock('exchange')

# 上櫃
list_stock('counter')
```

完整流程的程式碼附在下方，但爬蟲是有時效性的，大家可以參考程式碼，爬出自己需要的資訊。

範例程式碼

```
import requests
from bs4 import BeautifulSoup
import pandas as pd



# 某些瀏覽器會偵測是不是爬蟲
# 需要特別設定 header 假扮自己是真人
headers = {
```

```python
    'content-type': 'text/html; charset=UTF-8',
    'user-agent': 'Mozilla/5.0 (Windows NT 10.0; Win64; x64)
AppleWebKit/537.36 (KHTML, like Gecko) Chrome/76.0.3809.132
Safari/537.36'
}

# 取得證券清單的程式碼
# 上市
def list_stock(input_type):
  # 將上市與上櫃的區分成 dictionary 的 value 方便直接 call 來用
  list_stocks = {
    'exchange': 'https://isin.twse.com.tw/isin/C_public.
jsp?strMode=2',
    'counter': 'https://isin.twse.com.tw/isin/C_public.jsp?strMode=4'
  }
  getdata = requests.get(
    list_stocks[input_type],
    headers=headers
  ) # 上櫃就換成 counter

  # 獲得網頁字型
  # 因為這個網頁的字型比較特殊
  # 故需要先以 print(getdata.encoding) 取得字形

  # 取得後發現字形為：'MS950'
  # 於是就用這個字形來解析網頁
  soup = BeautifulSoup(
    getdata.content,
    'html.parser',
```

```python
    from_encoding='MS950'
).find('table', class_='h4')

datalist = []
for col in soup.find_all_next('tr'):
  datalist.append(
    [row.text for row in col.find_all('td')]
  )

# 對內部的資料進行處理
for deal_str in datalist[1:]:
  if len(deal_str) == 7:
    last = deal_str[0].split('\u3000')[1]
    deal_str[0] = deal_str[0].split('\u3000')[0]
    deal_str.insert(1, last)

# 設定好對應的標題名稱
title = [
  '有價證券代號',
  '有價證券名稱',
  '國際證券辨識號碼 (ISIN Code)',
  '上市日',
  '市場別',
  '產業別',
  'CFICode',
  '備註'
]

# 轉成 pandas
```

```python
    df = pd.DataFrame(datalist[1:], columns=title)
    print(df)

    # 存到 csv 大功告成
    df.to_csv('{}_list.csv'.format(input_type), index=False)

# 上市
list_stock('exchange')

# 上櫃
list_stock('counter')
```

實戰❷ 找出過去股票歷史資料

　　實戰 ❷ 會帶大家用爬蟲爬出指定日期的股票歷史資料，用到的函數和程式碼邏輯很多與之前介紹的範例雷同，如果不熟悉或看不懂，可以看前文的範例、多多複習幾遍。

　　首先，導入函式庫。

範例程式碼

```python
import requests
from bs4 import BeautifulSoup
import pandas as pd
import time
import os
```

　　接著輸入想要運用爬蟲爬出的股票資料，若數量不多可以自行打字輸入，如果想要爬全部的資料，可以結合實戰❶，以找出所有股票的歷史資料。

範例程式碼

```
symboldict ={
  '2330':'台積電',
  '2317':'鴻海',
  '2454':'聯發科',
  '2412':'中華電',
  '6505':'台塑化',
  '2882':'國泰金',
  '1301':'台塑',
  '2308':'台達電',
  '1303':'南亞',
  '3008':'大立光'
}
```

　　因為台灣期交所提供的資料是用民國計算，因此需要寫換算民國與西元年分的函數。

　　以「def transfrom_date(date)」定義專門轉換民國與西元年分的函數，時間格式是「年、月、日」（y, m, d），以 split 函數設定轉換後的時間用斜線「/」做分隔。將年分加上數字（int）1911 後，整段轉成字串（str），以 return 回傳即可成功轉換年分。

範例程式碼

```
# 定義民國轉西元的函數
```

```
def transform_date(date): # 民國轉西元
  y, m, d = date.split('/')
  return str(int(y) + 1911) + '/' + m + '/' + d]
```

接下來，即可運用爬蟲蒐集所需的歷史資料。

範例程式碼

```
def get_data(begin, stocks):
  print('開始蒐集資料..')

  # 先裝上header，假裝是真人操作
  headers = {
    'content-type': 'text/html; charset=UTF-8',
    'user-agent': 'Mozilla/5.0 (Windows NT 10.0; Win64; x64)
AppleWebKit/537.36 (KHTML, like Gecko) Chrome/76.0.3809.132
Safari/537.36'
  }

  # 填上目標網址
  baseurl = "https://www.twse.com.tw/exchangeReport/STOCK_DAY?response
=html&date={}&stockNo={}".format(begin, stocks)

  # 加上content可以解決某些回傳失敗的問題
  data = requests.get(url=baseurl, headers=headers).content
  title = BeautifulSoup(data, 'html.parser').find('thead').find('tr')

  # 與實戰❶中爬取表格的做法雷同
  datalist = []
  for col in title.find_all_next('tr'):
```

```
    datalist.append([row.text for row in col.find_all('td')])

# 刪除第一行不需要的數據
for each in datalist[1:]:
  each[0] = transform_date(each[0])

# 將資料格式轉成pandas的DataFrame
df = pd.DataFrame(datalist[1:], columns=datalist[:1])
df.columns = datalist[0]

print('{} {} {} 資料蒐集成功!!'.format(stocks, symboldict[stocks],
begin))
# 讓call函數可以取得運算完的資料
  return df
```

將蒐集好的檔案，儲存為 csv。

範例程式碼

```
# 輸入剛才爬好的DataFrame表格與其股票代碼
def data_to_csv(input_dataframe, stocks):
 # 確認該股票的檔案是否存在，如果存在，就往下執行
 if os.path.isfile('stock_data/{}{}.csv'.format(stocks,
symboldict[stocks])):
    # 用異常處理讀取csv檔案，藉此檢查資料是否有問題
    try:
      cu_data = pd.read_csv('stock_data/{}{}.csv'.format(stocks,
symboldict[stocks]))

      # 檢查資料是否有重複
```

```
        if input_dataframe['日期'][0] in list(cu_data['日期']):
            print('資料檢查結果：有重複資料...不重複寫入')
            print('寫入完成！')
            time.sleep(1)
        else:
            print('資料檢查結果：無重複資料...寫入中...')
            input_dataframe.to_csv('stock_data/{}{}.csv'.format(stocks,
symboldict[stocks]), mode='a', header=False)
            print('寫入完成！')
            time.sleep(5)

# 設定錯誤處理，避免爬到一半出問題停止運行
    except:
        print('有某步驟錯誤，請檢察CODE.')

# 如果資料不存在，建立一份新資料
    else:
        print('創建新資料..')

        # 寫入csv
        input_dataframe.to_csv('stock_data/{}{}.csv'.format(stocks,
symboldict[stocks]), mode='w')

        print('寫入完成！')
        time.sleep(5)
```

　　接下來的時間週期雖然比較麻煩，但是不會很難，運用「for i in range」的邏輯，計算年、月的週期，並且判讀日期的數字，最後用 for 迴圈跑爬蟲即可。

範例程式碼

```
# 定義時間區間
# 寫下開始的開始的西元年分、開始的月分、結束的年分與結束的月分
def diff_datetime(start_year, start_month, end_year, end_month):
  year_list = []
  # 產生要執行的年分清單
  for i in range(end_year-start_year+1):
    year_list.append(start_year+i)
  whole_date = []
  for strtime in year_list:
# 因為開始與結束年的月分不一定剛好是12個月，故要另外處理
    if strtime == start_year:
# 處理開始年的月分
# 月分小於10，需要在前面位數補上0，例如：3月要填03
      for mon in range(start_month, 13):
        if mon > 9:
          str_sm = mon
          whole_date.append('{}{}01'.format(strtime, str_sm))
        elif mon <= 9:
          str_sm = '0{}'.format(mon)
          whole_date.append('{}{}01'.format(strtime, str_sm))
        else:
          print('請輸入正確的月分：(1-12)')


# 照上面的邏輯再操作一次，處理結束年、月的資料
    elif strtime == end_year:
# 處理結束年的月分
      for mon in range(1, end_month+1):
```

```
        if mon > 9:

            end_sm = mon

            whole_date.append('{}{}01'.format(strtime, end_sm))

        elif mon <= 9:

            end_sm = '0{}'.format(mon)

            whole_date.append('{}{}01'.format(strtime, end_sm))

        else:

            print('請輸入正確的月分：(1-12)')


    else:

      for nor_mon in range(1, 13):


        if nor_mon > 9:

            nor_m = nor_mon

            whole_date.append('{}{}01'.format(strtime, nor_m))


        elif nor_mon <= 9:

            whole_date.append('{}0{}01'.format(strtime, nor_mon))


        else:

            print('請輸入正確的月分：(1-12)')
    # 輸出成正式年月清單
    return whole_date
```

　　前述步驟寫下的函數皆完成後，接下來將函數組合起來。以爬取台積電（2330）為例，可以在外部設定 for 迴圈爬取全部的股票。

範例程式碼

```
code = ['2330']  # 填入股票代碼，這份清單與代碼名稱轉換的清單相呼應
cralwer_date = diff_datetime(2021, 1, 2021, 5)


for sn in code:
  for dn in cralwer_date:
    # 這樣就大功告成
    data_to_csv(get_data(dn, sn), sn)
    time.sleep(5)
```

執行所有函數會得到以下的結果：

結果

開始蒐集資料 ..
2330 台積電 20210101 資料蒐集成功！！
資料檢查結果：無重複資料 ... 寫入中 ...
寫入完成！
開始蒐集資料 ..
2330 台積電 20210201 資料蒐集成功！！
資料檢查結果：無重複資料 ... 寫入中 ...
寫入完成！
開始蒐集資料 ..
2330 台積電 20210301 資料蒐集成功！！
資料檢查結果：無重複資料 ... 寫入中 ...
寫入完成！
開始蒐集資料 ..
2330 台積電 20210401 資料蒐集成功！！
資料檢查結果：無重複資料 ... 寫入中 ...
寫入完成！

開始蒐集資料 . .

2330 台積電 20210501 資料蒐集成功 ! !

資料檢查結果：無重複資料 . . . 寫入中 . . .

寫入完成 !

開始蒐集資料 . .

2330 台積電 20210601 資料蒐集成功 ! !

資料檢查結果：有重複資料 . . . 不重複寫入

寫入完成 !

開始蒐集資料 . .

而檔案內部就有相對應的資料，見圖表 4-17。

```
18,2021/04/29,"35,756,460","21,579,514,979",609.00,609.00,600.00,600.00,-7.00,30,756
0,2021/05/03,"46,801,189","27,676,378,065",595.00,597.00,588.00,588.00,-12.00,104,468
1,2021/05/04,"45,507,479","26,756,714,081",588.00,594.00,582.00,591.00,+3.00,69,833
2,2021/05/05,"31,786,592","18,603,594,408",594.00,594.00,585.00,585.00,-6.00,52,496
4,2021/05/06,"33,165,446","19,405,281,385",590.00,590.00,580.00,587.00,+2.00,69,578
4,2021/05/07,"28,719,597","17,131,817,777",594.00,600.00,589.00,599.00,+12.00,30,063
5,2021/05/10,"21,365,583","12,626,811,276",596.00,597.00,588.00,589.00,-10.00,43,154
6,2021/05/11,"66,035,839","37,939,364,597",579.00,580.00,570.00,571.00,-18.00,184,838
7,2021/05/12,"138,328,672","76,325,765,887",567.00,571.00,518.00,560.00,-11.00,328,058
8,2021/05/13,"71,519,430","39,495,488,180",547.00,563.00,541.00,547.00,-13.00,105,026
9,2021/05/14,"38,625,148","21,474,513,930",556.00,562.00,552.00,557.00,+10.00,52,919
30,2021/05/17,"58,446,847","32,066,868,553",544.00,558.00,541.00,549.00,-8.00,76,866
11,2021/05/18,"44,584,258","25,226,153,189",563.00,573.00,555.00,572.00,+23.00,52,157
12,2021/05/19,"29,610,174","16,832,735,286",571.00,572.00,565.00,567.00,-5.00,24,443
13,2021/05/20,"36,605,692","20,670,883,290",567.00,571.00,560.00,567.00, 0.00,32,301
14,2021/05/21,"28,009,899","16,016,851,343",572.00,577.00,568.00,573.00,+6.00,27,050
15,2021/05/24,"15,981,036","9,090,836,697",570.00,572.00,566.00,568.00,-5.00,20,189
16,2021/05/25,"35,445,350","20,525,932,956",576.00,584.00,573.00,583.00,+15.00,39,032
17,2021/05/26,"19,555,305","11,433,686,898",587.00,588.00,581.00,585.00,+2.00,21,034
18,2021/05/27,"70,061,002","40,643,804,852",580.00,582.00,573.00,582.00,-3.00,37,545
19,2021/05/28,"30,720,737","18,082,265,480",587.00,592.00,582.00,590.00,+8.00,41,581
```

▲ 圖表 4-17　與檔案相對應的資料

　　以下附上完整的程式碼提供給大家參考，根據此程式碼，可以爬出
過去股票歷史資料。

範例程式碼

```python
import requests
from bs4 import BeautifulSoup
import pandas as pd
import time
import os

symboldict ={
    '2330':'台積電',
    '2317':'鴻海',
    '2454':'聯發科',
    '2412':'中華電',
    '6505':'台塑化',
    '2882':'國泰金',
    '1301':'台塑',
    '2308':'台達電',
    '1303':'南亞',
    '3008':'大立光'
}


def transform_date(date): #民國轉西元
    y, m, d = date.split('/')
    return str(int(y) + 1911) + '/' + m + '/' + d]


def get_data(begin, stocks):
```

```python
print('開始蒐集資料..')
# 裝上 header
headers = {
    'content-type': 'text/html; charset=UTF-8',
    'user-agent': 'Mozilla/5.0 (Windows NT 10.0; Win64; x64)
AppleWebKit/537.36 (KHTML, like Gecko) Chrome/76.0.3809.132
Safari/537.36'
}


# 目標網址
baseurl = "https://www.twse.com.tw/exchangeReport/STOCK_DAY?response
=html&date={}&stockNo={}".format(begin, stocks)


# 加上 content 解決某些回傳失敗的問題
data = requests.get(url=baseurl, headers=headers).content
title = BeautifulSoup(data, 'html.parser').find('thead').find('tr')


# 上一節爬表格的做法
datalist = []
for col in title.find_all_next('tr'):
    datalist.append([row.text for row in col.find_all('td')])


# 把第一行不需要的數據拿掉
for each in datalist[1:]:
    each[0] = transform_date(each[0])


# 轉成 pandas 的 DataFrame
df = pd.DataFrame(datalist[1:], columns=datalist[:1])
df.columns = datalist[0]
```

```python
    print('{} {} {} 資料蒐集成功 !!'.format(stocks, symboldict[stocks],
begin))
    # 讓 call 函數取得運算完的資料
    return df



# 輸入上一份爬好的 DataFrame 表格與其股票代碼
def data_to_csv(input_dataframe, stocks):
  # 確認股票的檔案是否存在，如果存在就往下執行
  if os.path.isfile('stock_data/{}{}.csv'.format(stocks,
symboldict[stocks])):
  # 用異常處理讀取檔案，藉此檢查資料是否有問題
    try:
      cu_data = pd.read_csv('stock_data/{}{}.csv'.format(stocks,
symboldict[stocks]))

      # 檢查資料是否有重複
      if input_dataframe['日期'][0] in list(cu_data['日期']):
        print('資料檢查結果：有重複資料 ... 不重複寫入')
        print('寫入完成！')
        time.sleep(1)
      else:
        print('資料檢查結果：無重複資料 ... 寫入中 ...')
        input_dataframe.to_csv('stock_data/{}{}.csv'.format(stocks,
symboldict[stocks]), mode='a', header=False)
        print('寫入完成！')
        time.sleep(5)
```

```
# 設定錯誤處理，避免爬到一半出問題停止運行
   except:
     print('有某步驟錯誤，請檢察CODE.')



# 如果資料不存在，建立一份新資料
else:
   print('創建新資料..')

   # 寫入csv。寫入前記得先創建「stock_data」的資料夾
   input_dataframe.to_csv('stock_data/{}{}.csv'.format(stocks,
symboldict[stocks]), mode='w')

   print('寫入完成！')
   time.sleep(5)

# 開始的西元年分、開始的月分、結束的西元年分、結束的月分
def diff_datetime(start_year, start_month, end_year, end_month):
  year_list = []
  # 產生要執行的年分清單
  for i in range(end_year-start_year+1):
    year_list.append(start_year+i)
  whole_date = []
  for strtime in year_list:
    # 因為開始與結束年的月分不一定剛好12個月，故要另外處理
    if strtime == start_year:
      # 處理開始年的月分
      # 月分小於10需要在前面位數補上0，例如：3月要填03
      for mon in range(start_month, 13):
```

```python
    if mon > 9:
        str_sm = mon
        whole_date.append('{}{}01'.format(strtime, str_sm))
    elif mon <= 9:
        str_sm = '0{}'.format(mon)
        whole_date.append('{}{}01'.format(strtime, str_sm))
    else:
        print('請輸入正確的月分：(1-12)')


# 照上面的邏輯處理結束年月的資料
elif strtime == end_year:
    # 處理結束年的月分
    for mon in range(1, end_month+1):
        if mon > 9:
            end_sm = mon
            whole_date.append('{}{}01'.format(strtime, end_sm))
        elif mon <= 9:
            end_sm = '0{}'.format(mon)
            whole_date.append('{}{}01'.format(strtime, end_sm))
        else:
            print('請輸入正確的月分：(1-12)')

else:
    for nor_mon in range(1, 13):

        if nor_mon > 9:
            nor_m = nor_mon
            whole_date.append('{}{}01'.format(strtime, nor_m))
```

```
        elif nor_mon <= 9:
            whole_date.append('{}0{}01'.format(strtime, nor_mon))


        else:
            print('請輸入正確的月分：(1-12)')
    # 輸出成正式年月清單
    return whole_date


code = ['2330'] # 這個清單填入股票代碼，這份清單呼應代碼名稱轉換的清單


cralwer_date = diff_datetime(2021, 1, 2021, 5)


for sn in code:
    for dn in cralwer_date:
        # 這樣就大功告成
        try:
            data_to_csv(get_data(dn, sn), sn)
            time.sleep(5)
        except:
    pass # 爬到最後可能會多爬一個月的空資料，所以 pass 即可
```

實戰❸　取得每日全市場股價資料

　　實戰 ❷ 的範例是取得單一股票的連續資料，接下來帶大家取得整日的全市場股價資料。每個人的使用情境不同，如果希望得到一份某檔股票股價的連續資料，實戰 ❷ 的方式就很適合。如果希望得到整體市場的

每日狀況來做分析，可以參考這一節的程式碼。

這裡會教大家用到 pandas 的其他幾種功能。先導入函式庫。

範例程式碼

```python
import pandas as pd
import requests
import time
import csv
```

運用 pandas 跑時間區間的清單。

範例程式碼

```python
# 用 pd.date_range 的方式跑時間串
date_range = [
  i.strftime(
    '%Y%m%d'
  ) for i in pd.date_range(
    '2015-01-01',
    '2020-12-31'
  )
]

# 因為資料是從最舊的開始抓取，所以倒轉 list
date_range.reverse()
```

接下來與前文案例是一樣的邏輯，先以 get 爬蟲，再解析讀到的資料，最後存進 csv 中，就大功告成了。

範例程式碼

```python
for d in date_range:
  url = 'https://www.twse.com.tw/exchangeReport/MI_INDEX'
  formdata = {
    'response': 'csv',
    'date': d,
    'type': 'ALLBUT0999',
  }

  # 取得資料並且解析
  r = requests.get(url, params= formdata)
  r.text.encode('utf8')
  cr = csv.reader(r.text.splitlines(), delimiter=',')
  my_list = list(cr)

  # 開始做資料整理
  if len(my_list) > 0:
    for i in range(len(my_list)):
      if len(my_list[i])>0:
        if my_list[i][0] == '證券代號':
          new_list = my_list[i:]
          break
    for j in range(len(new_list)):
      if j != 0:
        try:
          new_list[j][0] = new_list[j][0].split('"')[1]
        except:
          break
    df = pd.DataFrame(new_list[1:], columns = new_list[0])
```

```
# 需要手動添加資料夾與其路徑，否則會找不到路徑
filename = './data/price/price_{}.csv'.format(d)
# 寫入 csv
df.to_csv(filename)
print('Date {} file done'.format(d))
time.sleep(3.2)
else:
    print('Date {} no data'.format(d))
```

實戰❹　取得每日全市場本益比與殖利率資料

實戰 ❹ 帶大家取得本益比與殖利率*的相關資料。這個實戰簡單很多，證交所已經將所需的資料準備好了，可以直接用爬蟲 get 資料並轉成 pandas。

範例程式碼

```
def get_Yield():
    html_url = 'https://www.twse.com.tw/exchangeReport/BWIBBU_d?response=
html&date=20201111&selectType=ALL'
    table = pd.read_html(html_url)
    print(table)
```

程式碼非常簡單，只要三行就能完成。

---

* 現金股利除以股票價格，通常以百分比來表示。指現金股利的報酬率，現金股利越高、股價越低，殖利率越高。

結果

109年11月11日個股日本益比、殖利率及股價淨值比

	證券代號	證券名稱	殖利率 (%)	股利年度	本益比	股價淨值比	財報年 / 季
0	1101	台泥	7.03	108	10.15	1.31	109/3
1	1102	亞泥	6.87	108	10.67	1.07	109/2
2	1103	嘉泥	5.81	108	22.05	0.52	109/2
3	1104	環泥	4.78	108	11.81	0.79	109/2
4	1108	幸福	1.29	108	16.18	1.05	109/2
..	...	...	...	...	...	...	...
937	9944	新麗	0.00	108	-	0.86	109/2
938	9945	潤泰新	14.49	108	5.53	0.46	109/2
939	9946	三發地產	8.89	108	6.67	0.83	109/2
940	9955	佳龍	0.00	108	-	1.21	109/2
941	9958	世紀鋼	0.76	108	26.10	5.82	109/2

　　至於最後要存在哪裡，就交給大家自行決定，因為檔案已經為 pandas 格式，所以直接用 pd.to_csv( ) 函數就可以完成存檔。

　　以上為爬蟲的基礎教學，透過實際操作，並從錯誤中學習，就是最快的學習方式。

第 **5** 章

讓 Python 實現你的
精準選股策略

16 選股模型的基本架構

經過一連串的實作，我們慢慢了解 Python 的應用，也躍躍欲試地想將個人的選股想法和策略，透過程式實作出來。

在程式自動化為你選股之前，只把個人的選股想法實作成策略是不夠的，要讓 Python 每天自動幫你選出優質股，需要全方面的考慮和蒐集資料。比如說，選股策略除了價量以外，還需要比較哪些資料？這些資料該從哪裡取得？若想透過歷史回測驗證選股結果，會需要哪些資料？選股策略自動選出股票後，要用哪種方式讓你能即時接收結果。

因此根據每個人不同的需求，將選股模型的架構以圖表 5-1 的流程圖呈現。

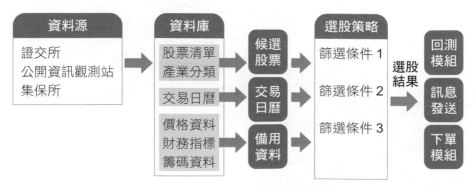

▲ 圖表 5-1　選股模型的架構

建立資料庫

每個人的思考模式跟流程不一樣，所以流程中的每一步會有些許差異，不過，圖表 5-1 列出的方向，是選股模型中至少該包括的內容。由圖表 5-1 可以發現，選股策略僅是選股模型的其中一環。

此架構的設計，由左到右層層推進。一開始我們會產生選股想法，要將這些想法設計成選股模型，需要先擷取所需的資料，因此我們會從網站或是券商，運用 API 或爬蟲取得資料。可以將抓取資料的程式碼排上排程，定期把網路上的資料更新到資料庫內。

獲取資料後怎麼儲存？運用資料庫管理系統可以有條理的儲存，MySQL 或 MongoDB 都是很適合的資料庫管理系統。不過，某些資料庫對程式初學者來說太難、太複雜，因此本書教大家使用 csv 或是文字檔案（txt）來儲存資料，將資料依分類存在各自的資料夾。

建議大家定義清楚資料和程式碼放的位置，如圖表 5-2 是量化通線上課程「第一次用 Python 理財就上手 —— 精準選股篇」，提供初學者使用的存放位置架構。最外層放程式碼，將所有資料都放在 data 資料夾內。在 data 資料夾內，再分門別類將價量資料、每股盈餘（EPS）資料、財務比率[*]資料、本益比[†]等各種會用到的資料，放到各自的資料夾中，方便後續維護資料。

圖表 5-1 中，中間的三個小模塊也很重要，以下接著仔細講解。

---

[*] 財務報表上兩個數據之間的比率，這些比率涉及企業管理的各種層面。
[†] 投入成本和每年收益的比例。

最外層資料夾	資料夾名稱	存放內容
data　→	price　→	以每日為單位存放價量資料
*.py	eps　→	以每季為單位存放 EPS 資料
	pe　→	以每日為單位存放本益比與殖利率資料
	fiscal_ratio　→	以每季為單位存放財務比率資料
	revenue　→	以每月為單位存放營收資料
	utils　→	概念股*、產業分類等公用資料

▲ 圖表 5-2　選股模型程式碼與資料存放架構

候選股票

在挑選股票時，很可能會只從電子股裡挑選想要投資的股票，或是只想投資中型股和大型股。建議在此階段，事先確定好候選股票，以避免計算出不合理的篩選結果。

一般常見選股網站的運作模式，是依照使用者設定的條件，輸出所有符合條件的上市櫃股票，優點為不漏掉任何可能性，缺點是篩選結果較為粗糙，也不一定合邏輯。舉例來說，用負債比率†當作篩選條件，高槓桿產業容易被過濾，若你認為高槓桿產業有值得投資的地方，此篩選結果就不符合你的期望。因此為了避免這種問題，在篩選股票時，需要更多個股標籤提升精準度。

個股標籤指每檔股票的標籤，就像服飾店的每件衣服上都會有標籤，

---

* 將同話題、同類型的股票列入選股標的的一種組合。
† 可用來評估企業財務結構，能衡量企業在營運方面所承受的財務風險能力。

除了標示售價外，還會寫明這件衣服的尺寸、使用的布料、產地等資訊。個股也有專屬的標籤，讓我們了解想要選擇的股票屬於哪種類型。

股票的標籤可以從幾個容易取得的資料作為依據：

1. 產業別標籤：根據產業分類股票，如：電子、金融、傳產等，進階一點也可從子產業、概念股分類著手。

2. 市值標籤：透過市值數據，定義出大、中、小型股。

3. 成交量標籤：透過價量資料，以成交量限制條件定義出冷門股或熱門股，幫助排除流動性差的股票。

4. 籌碼數據標籤：透過董監事持股、外資持股比例等數據，依籌碼集中度做分類。

實際應用時，以上四種標籤足以應付投資人定義候選股票清單的多數情境。比如說，你想要選金融股，就會需要產業別資訊。若想要選小型股，需要蒐集市值的數據，在製作候選股票清單時，事先排除市值太大的股票。

有了這些資料就有更多選擇，根據某項判斷邏輯。準備好候選的股票，在選股程式的執行流程中，可以看成選股的第一關，因為它會從全部上市櫃股票中，做第一道篩選。

不過以邏輯來說，建議把定義個股標籤的概念與「選股」區分開。在實作選股模型前，需要釐清自己的「選股邏輯」適合用在「哪些股票」上，選股邏輯和定義候選股票，是需要分開來衡量的兩項任務。因此區分概念的最大好處是，將來回頭檢討選股結果時，更能思考問題出在哪個環節。

交易日曆

交易日曆為一份清單，列出交易所和個股可交易的日期和時間。

選股模型中一定需要交易日曆，才能確認挑選的股票，交易所某天有沒有交易、股票某天有沒有遇到停牌的狀況，有了交易日曆，才有辦法對應到準確的日期。除此之外，有些人習慣用融資[*]或融券[†]操作買進放空，更需要交易日曆查詢股票是否有停資、停券的事件。

若你選到沒交易，或遇到追蹤不到意外狀況的股票，一支一支地查詢股票相當花時間，證交所有表格提供查詢，這個步驟可以全權交由程式。

如果要完整地操作，會包含除權息[‡]和交易日。數據發布的日期，不一定有開盤交易，但交易日有相當多例外，像是台股以前在週六補班日會開市，但現在取消了。某些股票在發布重大訊息時，會有暫停交易幾天的狀況。因此有了這些資料，在回測選股結果時，就能知道什麼時候暫停融券不能放空、什麼時候要做除權息還原。

根據交易日曆確保數據的時間點，以比對股票實際有交易的日子，才不會挑出無法交易的股票。本書簡化交易日曆的操作，只單純考慮交易所某天是否有開市。

備用資料

將資料放入選股模型裡運算前，必須確認資料是否準確，若資料中

---

[*]　預期某股票未來會漲，先跟券商借錢買股票。
[†]　預期某股票未來會跌，先跟券商借股票賣出。
[‡]　「除權」為股票股利，「除息」為現金股利，兩者統稱為除權息。

有幾筆錯誤資料，最後的選股結果當然就會是錯誤的。備用資料的準備和檢查，大致分成兩種狀況，在運算選股模型前要事先處理：

1. 事先確保資料數值正確。資料從證交所或其他網站擷取後，可能有各種原因導致資料是錯誤的，不論是儲存錯誤或網站資料本身就有問題，在取用前仍要有檢查機制。

2. 必須習慣在資料中附上最早可被取用的日期。在運算時常常會發現，資料從網站擷取後，本身沒有賦予數據日期或時間。因此，在爬資料存檔時，順手附上時間，才能確保未來取用時，能夠知道資料的狀況，在資料整合時才能放進合適的日期。

視覺化確保資料正確

第一點提到要確保資料數值正確無誤，可以用一個最快速的方式達到：畫出來檢視，是最低成本也最快能夠驗證的做法，尤其當你在開發選股模型、開發爬蟲模組存取資料時，資料十萬、百萬筆，不可能逐筆核對，此方法就可以協助確認資料是否正確。

若你有寫程式做資料處理的經驗，應該可以理解這個做法。對沒接觸過程式的人來說，可能會忽略最簡單、最快速驗證資料的方法。我們都可能在寫程式的過程中不小心犯錯，比如說，寫了 for 迴圈想爬取每支股票的資料，結果檔名存錯，或是爬蟲的迴圈跑太快，被反爬蟲擋下來，爬了空的 csv。所以確保資料的正確相當重要，能用的方法就是畫出來檢視。

做法參考以下範例程式碼與圖表 5-3。先透過 pandas 讀取資料，再透過將內容視覺化的函數「plt」，畫出收盤價。

範例程式碼

```
# 導入相關套件
import pandas as pd
import matplotlib.pyplot as plt


# 讀取價格csv資料
price = pd.read_csv("price_2330.csv")


# 把日期字串轉成Python讀得懂的日期格式，並放到DataFrame的index，使之
  成為DatetimeIndex，方便plt繪圖時自動將日期帶入X軸


price.index = pd.to_datetime(price["Date"])


# 畫出收盤價的折線圖，並用plt.show函數顯示結果
plt.plot(price["Close"])
plt.show()
```

　　繪圖結果見圖表5-3。若資料有問題，將資料視覺化馬上就能發現。
如圖表5-3的範例，紅色圈出的地方是有問題的。因為台積電在2016年
並沒有暫停交易半年的事件，代表這段區間有漏掉資料，使價格線少了
每日的波折。因此根據這張圖，可以回頭檢視，是爬資料的來源本身就
有誤，還是程式寫錯。

比對其他數據來源，確認正確性

　　當我們使用到二手資料，多是從別人整理的網站上爬取資料，會比
較擔心資料錯誤。因此可以設計讓爬蟲一份資料分別從不同來源擷取，

▲ 圖表 5-3　以視覺化呈現易找出問題所在

比對一致後才儲存。

　　根據每個網站的架構不同，需要設定的函數和處理方式都不同。入門程式交易的讀者，初步不用考慮到這麼複雜的狀況，因此本書中沒有這部分的教學，只是提醒大家可能會遇到這種情形，在爬資料時需要多加小心。

　　最後，我們要將這些資料整理成容易維護的格式，像是 pandas 套件的 DataFrame，方便接下來選股策略取用。這部分比較需要注意的是資料如何整合，有些資料是日頻率的資料，有些是週資料，甚至有些是月頻率到季頻率的資料，在備用資料這個步驟時就該考慮怎麼整合。

整理不同頻率的資料

　　核心概念是確保資料的時間戳是合適的，也就是說，當我們的選股模型同時需要價量資料和月營收資料，需要確保選股模型每天計算要篩選哪些股票時，能取用到「最恰當」的營收資料。以圖表 5-4 表格舉例說明。

在實際操作上，我們會將資料整理成如圖表 5-4 的 DataFrame 型態，行索引（index）為日期，列索引（column）為各公司股票代碼。後續實作會詳細解說，此處先理解這個格式。

台灣股市公布 2020 年 12 月營收，有開盤的日期如圖表 5-4 最左側欄位。2020 年 12 月營收的最晚公布日期為 2021 年 1 月 11 日（月營收公布日期的規則可以參考下表），所以如果我們可以透過爬蟲獲取這些公司實際公布營收的日期和時間，就可以把對應的營收資料依照公布日期填進表格中（見圖表 5-4）。

> ### ✅ 每月營收什麼時候公布呢？
>
> 上市櫃公司的每月營收會在次月 10 日之前公布，若遇假日則延後至下一工作日。

A 公司在 1 月 7 日公布前一年 12 月營收，因此我們可以確保在 1 月 8 日盤前（等同於 1 月 7 日盤後）計算選股模型時，調用 1 月 7 日收盤的價量資料，同時能調用到 12 月營收資料。因此，從 1 月 7 日之後，放入 A 公司的 12 月營收（見圖表 5-4）。

同理，假設 B、D 公司壓線在最後一天才公布，因此在 1 月 12 日盤前，可以調用到 12 月營收資料。C 公司則是 1 月 8 日公布營收，在 1 月 11 日盤前能調用到。

實際上，每間公司確切的營收公布日的資料不是那麼容易取得，取得後的例外處理又是浩大工程。因此，本書提供一個折中的方法處理營收資料——把營收資料填進最保守日期，確保資料在那天必定可以取得（見圖表 5-5）。

	A 公司	B 公司	C 公司	D 公司
2021-01-06（三）	11 月營收	11 月營收	11 月營收	11 月營收
2021-01-07（四）	**12 月營收**	11 月營收	11 月營收	11 月營收
2021-01-08（五）	12 月營收	11 月營收	**12 月營收**	11 月營收
2021-01-11（一）	12 月營收	**12 月營收**	12 月營收	**12 月營收**
2021-01-12（二）	12 月營收	12 月營收	12 月營收	12 月營收
2021-01-13（三）	12 月營收	12 月營收	12 月營收	12 月營收
2021-01-14（四）	12 月營收	12 月營收	12 月營收	12 月營收

▲ 圖表 5-4　用爬蟲抓取月營收實際公布日

	A 公司	B 公司	C 公司	D 公司
2021-01-06（三）	11 月營收	11 月營收	11 月營收	11 月營收
2021-01-07（四）	11 月營收	11 月營收	11 月營收	11 月營收
2021-01-08（五）	11 月營收	11 月營收	11 月營收	11 月營收
2021-01-11（一）	**12 月營收**	**12 月營收**	**12 月營收**	**12 月營收**
2021-01-12（二）	12 月營收	12 月營收	12 月營收	12 月營收
2021-01-13（三）	12 月營收	12 月營收	12 月營收	12 月營收
2021-01-14（四）	12 月營收	12 月營收	12 月營收	12 月營收

▲ 圖表 5-5　使用最保守日期確保資料可取得

把 12 月營收放到 1 月 11 日的原因是，根據上市櫃公司營收公布期限的規定，最晚在 1 月 11 日要公布 12 月營收。換句話說，若我要在 1 月 12 日盤前計算選股模型，調用 1 月 11 日的資料時，能取用 12 月營收資料。

除了月營收資料，季報 EPS 資料同理，有興趣的讀者可以根據季報公布規則，自行練習看看。

選股策略的產生

回到選股模型的基本架構（見圖表 5-1），將中間三個模組的資料處理好後，就能把資料放進選股策略中。

選股策略模組主要的內容是篩選條件，如果行有餘力，甚至可以加入額外的限制條件，例如只想挑出分數最高的 10 支股票、排除月均量太少的股票等條件，通常都是在選股策略模組這步驟實作。隨著限制條件不同，程式碼也會有不同的寫法。本書會帶大家實作標準型做法，如果有其他變化型需求，讀完這本書應該就能舉一反三。

當選股策略模組選出股票後，可以考慮要以何種形式即時收到選股結果的通知，可以讓 Python 寄一封 email，也可以將結果發送到社交軟體 Telegram 或 LINE。

第 6 章會帶大家實作自動推送結果到 LINE，畢竟在台灣大部分的人比較習慣使用 LINE，推送到 LINE 較能即時讀取訊息。

根據圖表 5-1 選股模型設計出的程式架構有很好的彈性，如果有一些選股欠缺考慮的條件，之後也能再補強上去。

載入套件包

在進行選股之前，必須先把「環境」準備好。這裡的環境指的是 config 檔，功能包含指定從哪些股票中做挑選、資料取用長度、選股策略參數，以及讀取接下來要用到的資料，並整理成易取用的格式。設定好上述環境後，選股策略模組就能輕易地調動資料運行選股邏輯。

為了讓 Python 初學者更容易上手，本書範例不把設定檔特別拉到外部變成獨立檔案，而是寫入 Python 的程式碼中。

程式碼如下方所示，接下來的選股模型會用到 pandas、numpy 和 os 3 種套件。在寫程式前需要先導入需要用到的套件。

範例程式碼

```
import pandas as pd
import numpy as np
import os
```

定義候選股票清單

　　要先定義好要從哪些股票中挑出符合選股邏輯的股票，也就是下方程式碼 symbol_list 函數的部分，一般會希望 symbol_list 能印出一維 list 的資料型態，其中的每一個元素（股票代碼）皆為字串。不過，股票清單可能會有幾種不同的需求，以下列出 3 種可能的設定方式。

範例程式碼

```
# 自定義候選股票清單
symbol_list = ['2303', '2330']


# 從產業分類挑選候選股票清單
symbol_pool = pd.read_csv('./data/utils/symbol_pool.csv', dtype=str)
symbol_list = list(symbol_pool.loc[symbol_pool['industry'].isin(['金融
保險業']),'symbolId'])


# 全選
symbol_pool = pd.read_csv('./data/utils/symbol_pool.csv', dtype=str)
symbol_list = list(symbol_pool['symbolId'])
```

自定義候選股票清單

　　若你只是想比較兩支股票中該選哪支，像是聯電（2303）和台積電（2330）該買哪支股票？在這種情境下，能透過 Python 依照設定好的選股邏輯做判斷。這時將 2303 和 2330 兩支股票代碼放進 symbol_list 函數中就可以了。

　　這裡特別注意要放入字串（str）型態的代碼，而不是整數型態（int），建議大家養成習慣，在其他金融產品的應用上，能避免許多煩惱。比如說，ETF 有許多代碼以 0 開頭或 B 結尾，若遇到代碼「0050」，整數型態會自動變成數字 50，而且會有資料型態混雜的狀況，使程式碼變得複雜難以維護。因此建議養成把股票代碼設定成字串型態的習慣，免除後續的煩惱。

從產業分類挑選候選股票清單

要運用產業分類挑選候選股票清單，會需要一份帶有「產業分類」標籤的數據，讓我們能輕易對應每一支股票屬於哪個產業。

台灣證交所官方網站有提供這類數據，進入網站後，點選「證券編碼公告」，在「本國上市證券國際證券辨識號碼一覽表」頁面可獲得相關資料（見圖表 5-6）。

如果需要用到產業資料，必須要寫爬蟲程式定期爬取，用最簡單的 get 方法即可完成。

若我們事先已經有維護一份產業分類檔案，並存放在 data 資料夾下的 utils 資料夾中，命名為 symbol_pool.csv，可以透過 pd.read_csv 函數讀取此資料，並且用 DataFrame 索引和篩選的函數 loc 和 .isin()，挑出、指定一個以上的產業。

▲ 圖表 5-6　台灣證交所證券編碼公告

全選

　　一般的選股網站沒得挑選，只能全選。初學時如果沒有什麼特別的想法，全選也是個快速的選擇。

指定選股資料起訖日期和選股策略參數

　　指定選股資料起訖日期，以利後續生成交易日曆與讀取資料使用。建議直接把選股起訖日期以字串型態存放，date_from 是選股起始日期，date_to 是選股最終日期，如以下程式碼。

範例程式碼

```
# 指定選股資料起訖日期


date_from = '2019-01-01'
date_to = '2020-12-31'
```

　　你是否有這樣的疑惑：「我只是要看最新選股結果，為什麼要設定起訖日呢？」在之後章節中實作的選股策略模組的資料格式，可以幫我們找出，在每一個日期，依照自己設定的選股條件，能選出哪些股票。因此設定起訖日期是相當重要的環節，透過歷史選股結果，可以從歷史資料驗證選股邏輯是否真的如自己想像，也能提早捕捉到好股票。

　　如果你只需要最新的選股結果，不想花時間運算歷史資料，選股起始日期 date_from 不要設定太久之前就好。不過，要特別注意，因為接下來準備歷史資料時，讀取資料的區間是仰賴這裡設定的 date_from 和 date_to，所以建議兩者的時間區間不要取得太短。

另外，選股策略的參數也建議放在此區塊，就能集中管理可以手動調整的設定。選股策略參數在下一節會有完整的示範。

生成交易日曆

指定好起訖日後，接著就能製作交易日曆。忘記交易日曆的概念的讀者，可以翻回第 5 章第 1 節複習。

在接下來的範例中，預計取出證交所有開市的日子作為交易日曆，如此一來，選股模型能運算出交易日曆上每個日子的選股結果。

生成交易日曆，對應下方的範例程式碼能分成 4 個步驟：

1. 把先前設定好的選股起訖日期以 date_from 和 date_to 取出，利用 pandas 的 date_range 方法，生成時間序列（datetimeIndex），其中的內容是包含起訖日期中每一天的日期。這些日期的資料型態已轉換為 Python 看得懂的日期型態 Timestamp，而不是字串（見下方範例程式碼第一行）。

2. 取出日期後，將日期清單的內容轉成八位數的日期字串（見下方程式碼第二行）。這麼做是為了要方便比對開市日期，與方便讀取價量資料時調用，因為爬蟲從證交所擷取的價量資料是一天一個 csv 檔案，檔案命名規則是「price_」再加上八位數日期的格式，例如：price_20200902.csv。

3. 接著利用 os 套件的 listdir 方法，檢視存放價量資料的資料夾裡有哪些檔案。這個資料夾使用相對路徑，意思是相對於主程式 .py 檔的位置，要將 data 資料夾裡，price 資料夾內的所有路徑與檔案都列出，即是第三行程式碼的意思。接著再取出有存放價量資料的日期，存成 all_open_dates 這個 list，就是存放在資料夾下的所有開市日期。

4. 現在程式碼中有本地端存放的所有開市日期清單 all_open_dates，也有指定起訖日期區間的清單 date_range_str，只要挑出同時存在於兩個清單中的日期，就是我們要的交易日曆。可以參考下方程式碼倒數第二行，語法也與第 3 步驟相當類似。

範例程式碼

```
date_range = pd.date_range(date_from, date_to)
date_range_str = [date.strftime('%Y%m%d') for date in date_range]
dir_and_files = os.listdir('./data/price')
all_open_dates = [f.split('_')[-1].split('.')[0] for f in dir_and_files
if f[:5] == 'price' and f[-4:] == '.csv']


open_dates = [date for date in date_range_str if date in all_open_dates]
print(open_dates)
```

交易日曆生成完畢後，可以印出交易日曆確認結果。檢查後，確實 2019 年 1 月 5 日和 1 月 6 日台股沒有開盤，程式碼運行結果正確。

結果

```
print(open_dates)
['20190102', '20190103', '20190104', '20190107', '20190108', '20190109',
..., '20201231']
```

 在 Python 中相當好用的「一行 for 迴圈生成 list」的用法

Python 支援在 list 中運行 for 迴圈，以上述範例第四行程式碼來說，是將第三行程式碼得到的 dir_and_files 檔案一個一個取出。在 for 左側放的是最終 list 要存放的元素值，通常會跟迴圈每一圈在抓的元素有關。for 的右側有時會寫下 if 判斷式，表示要符合 if 判斷式的元素，才會放到這個新的 list 中。

因此，上述範例程式碼的第四行，是把 price 資料夾下的檔案和路徑名稱逐一取出，判斷這個名稱的前 5 個字元是不是字串「price」，以及後綴的 4 個字元是不是字串「.csv」，符合條件就要從 for 迴圈依次抽出的字串元素中，取出字串內底線分隔的最後一個部分（也就是 .split('_')[-1]），再取出字串內以「點」分隔的第一個元素。舉例來說，如果從 for 抽出來的字串元素叫做「price_20200907.csv」，最終會把「20200907」字串放入 all_open_dates 的 list 中。

備用資料：讀取並整理資料格式

以價量資料做示範，殖利率的資料讀取與整理，下一節選股模型會進行示範。

接續前文算出的交易日曆，可以先運算出所有準備讀取的價量資料路徑。再用 for 迴圈批次讀取資料，並且把日期放在 index，變成 datetimeIndex，以利後續調用。

以下方的範例程式碼來講解每一步細節：

1. 把先前得到的交易所日曆 open_dates 跟價格資料的存放路徑整合在一起，變成字典（dict），索引會是交易日曆裡的每個日期，索引對應到的值就是那一天的相對路徑，存成程式碼第一行函數 path_price。

2. 接著建立一個空的 DataFrame，在後續 for 迴圈存放讀取進來的每日價量資料。

3. 用 for 迴圈把 path_price 的索引，也就是交易日曆字串逐一取出。

4. 第四行程式碼，可以直接根據取出來的 date 索引，找到對應的檔案路徑，並且用 pd.read_csv 讀取檔案。但是，從證交所取得的每日價量資料，沒有包含資料日期，因此第六行程式碼，把前一步驟讀取進來的當日價量資料 one_day_price 的 index，用 list 的方式賦予資料日期。list 中的元素理所當然是 date，而 list 裡包含的元素必須跟 one_day_price 資料長度一致，因此使用 len 函數取得 one_day_price 資料長度，讓 [date] 這個 list 乘上某個整數，成為重複整數倍遍的 list。one_day_price 資料整理好後，就能用 append 函數整理 one_day_price 至 price_df。

5. 隨著 for 迴圈運行，不斷地將整理好的 one_day_price 整理進 price_df 中。但是別忘了，price_df 的 index 將接續著程式碼 one_day_price 賦予的 index 值，是以字串表示的日期。我們能讀得懂，但 Python 讀不懂。因此最後要使用 pd.to_datetime 的方法把 index 格式轉換成為 datetimeIndex。

範例程式碼

```
path_price = {date: './data/price/price_{}.csv'.format(date) for date in
open_dates}
price_df = pd.DataFrame()
for date in path_price.keys():
  one_day_price = pd.read_csv(path_price[date])
  one_day_price.index = [date] * len(one_day_price)
  price_df = price_df.append(
    one_day_price.loc[one_day_price['symbolId'].isin(symbol_list)]
```

```
    )
price_df.index = pd.to_datetime(price_df.index)
```

結果

```
print(price_df)
            symbolId  symbolName   Volume    Open    High     Low   Close
2020-11-02      2801       彰銀   3626744   17.10   17.25   17.00   17.25
2020-11-02      2809      京城銀   2371271   38.70   39.05   38.20   39.05
2020-11-02      2812      台中銀   2084507   10.85   10.90   10.80   10.90
2020-11-02      2816      旺旺保    299434   19.35   19.45   19.30   19.40
2020-11-02      2820       華票    324386   14.50   14.55   14.50   14.50
...
```

選股❶ 成為定存股大師

　　這一節會帶大家製作能選出高殖利率定存股的選股模型。在展示選股策略模型的程式碼之前，簡單地帶過會用到的環境設定，因為前一節程式碼的設定比較簡單，定存股選股模型需要額外操作參數設定、殖利率資料的取用。

　　假設現在時間是 2020 年 12 月 31 日盤後，目標挑出殖利率超過 5％的金融股，但是月均量不要小於 100 張的股票，以此標準做為未來定期定額投入的參考。

環境設定

　　參考下方範例程式碼。先指定選股起訖日期，這裡設定為從 2020 年11 月 01 日到 2020 年 12 月 31 日。雖然我們只想看 2020 年 12 月 31 日的金融股殖利率，但是需要一個月的歷史資料，計算每支股票的月均量，所以手動設定長於一個月的時間起訖區間。

　　接著指定候選清單。我們的需求是指定選擇金融股，因此只要對全部上市股票 symbol_pool 判斷每支股票的行業（industry）欄位是不是「金融保險業」就可以了。範例程式碼是用 .isin 函數，isin 要判斷的內容，必須以 list 的型態傳入，因此在字串「金融保險業」外多加中括號，變成 list 資料型態。若想單獨加入其他產業一起判斷，可以手動添加至此 list 之中即可，不須多寫幾行程式碼。

　　接下來設定選股策略參數。殖利率下限為 5%，將需求條件參數放入 div_floor 變數。月均量的下限為 100 張，將參數放在 vol_floor 變數。從日成交量計算月均量所需的時間長度為 20 天，放在 vol_length 變數。

範例程式碼

```
# 指定選股起訖日期


date_from = '2020-11-01'
date_to = '2020-12-31'


# 指定候選清單
symbol_pool = pd.read_csv('./data/utils/symbol_pool.csv', dtype=str)
symbol_list = list(symbol_pool.loc[symbol_pool['industry'].isin(['金融
保險業']),'symbolId'])


# 指定殖利率參數
div_floor = 5
vol_floor = 100
vol_length = 20
```

設定完前述程式碼後，需生成交易日曆，步驟與前一節設定交易日曆做法完全相同，可以參考前文來設定。

在此範例中的備用資料，需要價量資料以判斷每支股票的月均量是否符合篩選條件，以及殖利率有沒有大於 5%，因此，除了會用到前一節範例的價量資料的讀取與整理外，也需要讀取並整理殖利率資料。

見後文範例程式碼。從證交所取得的殖利率資料會與本益比存放在一起。因此可參照價量資料的讀取與整理方法，整理本益比資料。

首先，一樣透過先前運算過的交易日曆 open_dates，運算出所有準備讀取的本益比資料路徑，存成 path_pe 這個 list。再用 for 迴圈批次讀取這些資料。將本益比、殖利率資料存放在 data 資料夾內 new_pe 資料夾中，設定每一天的檔案命名規則為 pe_ 再加上八位數日期。

特別要注意幾個資料處理的細節，沒做好的話，輕則出現錯誤、運算停止，嚴重的話，後續計算出來的結果有可能完全偏離預想。其一，這段程式碼的第五到八行在處理兩個版本的資料。因為台灣證交所的這份資料，在 2017 年 4 月 12 日改版，新版本的欄位不僅順序改變，還新增股利年分和盈餘年分兩個欄位，所以在讀取 csv 時，要判斷資料日期是不是在改版之前，才能把正確的欄位名稱放進 DataFrame 中。

另外，要把股票代碼（symbolId）欄位內容的資料型態指定為字串，避免如元大台灣 50ETF「0050」變成數值 50 這類情況。雖然這份程式碼所用的資料剛好沒有 0 開頭的資料，但為了讓程式碼更易用，保持良好習慣是很重要的。

如同整理價量資料的做法，也需要把日期放到 index，以便後續取用。

for 迴圈跑完後能得到 collect_pe，是含每日所有股票的本益比、殖利率資料的 DataFrame。

範例程式碼

```
path_pe = {date: './data/new_pe/pe_{}.csv'.format(date) for date in open_
dates}
collect_pe = pd.DataFrame()
for date in path_pe.keys():
  one_day_pe = pd.read_csv(path_pe[date])
  if pd.to_datetime(date) < pd.to_datetime('20170413'):
    one_day_pe.columns = ['symbolId','symbolName','pe','div','pb']
# 2017/4/12以前
  else:
    one_day_pe.columns = ['symbolId','symbolName','div','divYear','pe'
,'pb','earnYQ'] # 2017/4/12以前
  one_day_pe.index = [date] * len(one_day_pe)
  one_day_pe['symbolId'] = one_day_pe['symbolId'].astype(str)
  collect_pe = collect_pe.append(
    one_day_pe.loc[one_day_pe['symbolId'].isin(symbol_list)]
  )
collect_pe.index = pd.to_datetime(collect_pe.index)
collect_pe['pe'] = collect_pe['pe'].str.replace('-','0').
replace(',','').astype(float)
```

　　在進入選股模型前，將接下來要用到的成交量和殖利率，處理成一致的格式，可以大幅減少選股策略模型的負擔。

　　做法可參考下方程式碼，使用 pandas 中強大的 pivot_table 功能，能快速取出每支股票、每天的殖利率和成交量。

　　pd.pivot_table 功能就像是 Excel 中樞紐分析表。這個函數中一共要傳入 4 個變數，第一個是要拿來做樞紐分析表的 DataFrame，在範例中是

每日殖利率資料的 DataFrame。另外 3 個傳入參數中的變數，分別是索引
（index）、欄位（columns）和數值（values），代表著最終樞紐分析表
的樣子，在範例中，是把每日殖利率資料的日期放在 index，股票代碼放
在 columns，values 放入該股票在該日期對應的殖利率數據。這個用法相
當直觀，同樣地，價量資料也是比照辦理，下方程式碼的範例，是取出
每支股票的日成交量，依照剛才殖利率的 DataFrame 模式處理。這麼一
來，我們準備的資料行數和列數一致，後續模型取用會更方便。

範例程式碼

```
# 從 collect_pe 取出殖利率 DataFrame
div_df = pd.pivot_table(collect_pe, index=collect_pe.index, columns =
collect_pe['symbolId'], values = 'div')

# 從 price_df 取出成交量 DataFrame
vol_df = pd.pivot_table(price_df, index=price_df.index, columns='symbol
Id',values='Volume')
```

　　接著進入最關鍵的部分——選股模型。分成三段來解釋，由於前面
的步驟已經對資料做一致的處理，因此選股模型僅需短短幾行程式碼。

挑出殖利率 > 5% 的股票

　　為了更便利地進行第三步驟的整合，在這一步將符合條件的資料也
整理成與價量資料、殖利率資料 DataFrame 一樣的模式——index 為日期，
columns 為股票代碼。

　　建立一個 DataFrame，使用 np.where 實作選股條件的判斷。把條件
放在 np.where 的第一個傳入參數，也就是下方範例程式碼 div_df > div_

floor 這個判斷式。當條件成立則回傳第二個傳入參數 True，不成立回傳第三個傳入值 False。

　　np.where 運行後會得到 numpy array 資料型態的運算結果，資料形狀的行數、列數與原先的殖利率資料 div_df 相同，只是不再具有 DataFrame 的 index 和 columns 對應索引標籤。因此將 array 放進 pd.DataFrame 的第一個傳入參數，並指定 index 和 columns 為與 div_df 一致，這樣每一天、每一支股票是否符合「殖利率 > 5％」的判斷結果，就會存在 div_pick 中。

捨棄月均量太小的股票

　　為了實作此條件，需要先把成交量取 20 日均線，製作成月均量資料，這裡使用到 DataFrame 的函數 rolling.mean，時間長度參數「20 日」，放在 rolling 後的括號裡。

　　由於先前給的選股策略參數 vol_floor 指的是「股票張數」，而證交所統計的成交量為「股數」，所以乘以 1000 做換算，存到 vol_share_floor 變數中。

　　接著進入「捨棄月均量太小的股票」程式碼邏輯，方式與設定殖利率條件的實作步驟一模一樣。

得到最終選股結果

　　由於之前刻意把資料處理成相同模式的 DataFrame，因此這裡只要把兩個條件取交集「&」，就能得到最終的每日選股結果 div_select：每支股票在每一天，若符合條件，DataFrame 內對應的值為 True，不符合條件為 False。

　　若你更在意最後一天的選股結果，透過 DataFrame 進階用法的小巧思，就能取出 div_select 最後一天值為 True 的股票代碼，如程式碼最後一行。

範例程式碼

```python
# 挑出殖利率 > 5% 的股票
div_pick = pd.DataFrame(
  np.where(div_df > div_floor, True, False),
  index = div_df.index,
  columns = div_df.columns
)

# 成交量濾網，捨棄月均量太小的股票
avg_vol_df = vol_df.rolling(vol_length).mean()
vol_share_floor = vol_floor * 1000
vol_filter = pd.DataFrame(
  np.where(avg_vol_df > vol_share_floor,True,False),
  index = avg_vol_df.index,
  columns = avg_vol_df.columns
)

# 取交集，得到最終結果
div_select = div_pick & vol_filter
latest_result = div_select.loc[:,div_select.iloc[-1]].columns
```

大功告成，即可印出最新的選股結果。

範例程式碼

```
print(latest_result)
Index(['2812', '2816', '2823', '2834', '2838', '2845', '2852', '2855',
'2880',
    '2883', '2884', '2885', '2886', '2887', '2889', '2890', '2891',
'2892',
    '2897', '5880', '6005'],
   dtype='object', name='symbolId')
```

　　當然，有些聰明的讀者會說：「誰說定存股只能選金融股？而且只看當下殖利率，不代表這支股票配息穩定、適合當定存股，至少要看個3 到 5 年吧！」說得沒錯！上面的例子是為了教學而用的範例。實際上，一定會需要用到更複雜的程式碼描繪細節，例如：環境設定依照前一段文字提出的需求，指定選股起訖日期勢必得拉長，也會需要以全選選擇股票清單。

範例程式碼

```
# 指定選股起訖日期

date_from = '2016-01-01'
date_to = '2020-12-31'

# 指定候選清單
symbol_pool = pd.read_csv('./data/utils/symbol_pool.csv', dtype=str)
symbol_list = list(symbol_pool['symbolId'])

# 指定殖利率參數
div_floor = 5
```

至於如何讓程式判斷「這支股票 3 年的殖利率都高於 5 ％」，當作各位讀者的練習作業吧！提供一個小提示：只要多挑幾天的選股結果來判斷，確保這些股票在指定的幾個日期內，殖利率都高於 5％，很簡單就能完成目標。

選股❷ 成為波段選股達人

這一節會帶大家製作能選出爆量長紅的選股模型。在技術分析領域，當一支股票出現爆量長紅，往往會預期即將走出一個波段，未來是看漲的趨勢。因此，這裡會教大家怎麼用程式描繪爆量長紅，期望藉此捕捉波段行情。在展示選股策略模型的程式碼之前，一樣先帶過要用到的環境設定。

假設現在時間是 2020 年 12 月 31 日盤後，目標是挑出爆量長紅的電子零組件股。與選股 ❶ 的條件相同，希望月均量不要小於 100 張，做為波段選股的參考。

環境設定

可以參考下方範例程式碼。選股起訖日期與候選清單的處理方法，皆與前一節相同。比較需要解說的部分是程式碼第三段的選股策略參數，我們的需求是「爆量長紅」，從程式的角度來看，「爆量」和「長紅」需要分開看。

在這個範例中，以「當天成交量要大於月均量兩倍」當作「爆量」的判斷標準，以「K 棒實體大小大於 3％ 開盤價，且 K 棒實體大小大於月平均實體大小的兩倍」作為「長紅」的判斷標準。因此會需要 6 個參數：

1. vol_length 代表計算均量的時間長度參數，這裡以「20」代表每月開市天數。

2. 爆量的邏輯，把條件設計成「當天成交量大於月均量 big_vol_multiplier 倍」，這裡示範的參數值設定為 2。

3. 長紅的邏輯，限制 K 棒的實體大小與開盤價相除，至少大於 k_body_floor，範例設定的是 0.03。這樣的設計使長紅的實體大小不會因股價不同受到影響，股價 10 元的股票，與股價 1,000 元的股票，長紅的實體大小肯定有巨大的差異，因此需要除以價格進行標準化。

4. 長紅的邏輯也含「K 棒的實體大小要比過去一個月大 2 倍」，因此需要一個長度參數 k_body_ma_p 計算過去一個月的 K 棒平均實體大小。

5. 承上，還需要一個倍數參數 k_body_multiplier，如同第二個參數 big_vol_multiplier 的使用邏輯一樣，用來判斷「當天 K 棒的實體大小比過去一個月大 k_body_multiplier 倍」。

6. 最後，與前一節選出定存股時相同，需要剔除成交量太小的股票，因此將月均量下限的參數放在 vol_floor。

範例程式碼

```
# 指定選股起訖日期

date_from = '2020-01-01'
date_to = '2020-12-31'

# 指定候選清單
symbol_pool = pd.read_csv('./data/utils/symbol_pool.csv', dtype=str)
symbol_list = list(symbol_pool.loc[symbol_pool['industry'].isin(['電子
```

```
零組件業']),'symbolId'])

# 指定邏輯參數
vvol_ma_p = 20
big_vol_multiplier = 2
k_body_floor = 0.03
k_body_ma_p = 20
k_body_multiplier = 2
vol_floor = 100
```

　　接下來生成交易日曆，方式與前一節完全相同。備用資料只需要價量資料，程式碼也如同選股 ❶ 的範例，可以參考前例生成交易日曆和備用資料。

　　在進入選股模型前，現在有所有的股票價量資料 price_df 這個 DataFrame，最後稍微處理一下資料格式，把接下來要用到的開盤價、收盤價和成交量，整理成一致的格式。

範例程式碼

```
# 從 price_df 取出開盤價 DataFrame
open_df = pd.pivot_table(price_df, index=price_df.index, columns='symbolId',values='Open')

# 從 price_df 取出收盤價 DataFrame
close_df = pd.pivot_table(price_df, index=price_df.index, columns='symbolId',values='Close')

# 從 price_df 取出成交量 DataFrame
vol_df = pd.pivot_table(price_df, index=price_df.index, columns='symbolId',values='Volume')
```

使用 pandas 的 pivot_table 功能獲取所需的資料。

再來進入最關鍵的部分 —— 選股模型。與前一節的實作過程相當類似，依樣畫葫蘆即可輕易完成，唯一的不同是，判斷條件較為複雜，以下仔細說明。

挑出爆量的股票

這個條件操作上難度較低，與選股 ❶ 的模式相同。計算出月均量後，建立一個 DataFrame，index 為日期、columns 為股票代碼，條件判斷以 np.where 實作判斷式 vol_df > vol_ma_df * big_vol_multiplier，條件成立為 True，不成立為 False，這裡的做法與前一節一模一樣。

實作「長紅」的條件

這裡包含了兩個判斷式，比先前的條件稍微複雜一點，分別是：K 棒實體大小大於 3%、K 棒實體大小大於過去一個月平均的兩倍。為了實作這些條件，首先用開盤價與收盤價的資料，相減後除以開盤價，計算出每支股票每日的實體 K 棒大小為開盤價的幾 %，如下頁範例程式碼中的 k_body_range 函數。再將 k_body_range 取 20 日均線，製作成月均 K 棒實體大小的資料。至此，實作「長紅」條件所需的資料就準備齊全。

接著同樣使用 DataFrame 與 np.where 的方式實作選股條件，np.where 的第一個傳入參數判斷式要放入兩個條件，將兩個判斷式分別加上括號，並以「&」符號分隔。參考範例程式碼，第一個判斷式 k_body_range > k_body_floor 是用來判斷「當天的 K 棒實體大小是否大於 3%」，第二個判斷式 k_body_range > k_body_range_ma * k_body_multiplier 則是用來判斷「當天的 K 棒實體大小是否大於月均 K 棒實體大小的兩倍」。

捨棄月均量太小的股票

這部分與選股 ❶ 的步驟一模一樣，可以參考選股 ❶ 範例程式碼的邏輯。

得到最終選股結果

這部分也是與選股 ❶ 使用同樣的方法，把步驟 1 ～ 3 計算出的篩選條件結果取交集「&」，就能夠得到最終的每日選股結果 final_select：每支股票在每一天，若符合條件 DataFrame 內對應的值為 True，不符合條件為 False。

同樣地，透過 DataFrame 進階用法的巧思，能以 final_select 函數取出最後一天值為 True 的股票代碼，如程式碼最後一行 latest_result，為最後一天的選股結果。

範例程式碼

```
# 挑出爆量的股票
vol_ma_df = vol_df.rolling(vol_ma_p).mean()
big_vol_filter = pd.DataFrame(
  np.where(vol_df > vol_ma_df * big_vol_multiplier,True,False),
  index = vol_df.index,
  columns = vol_df.columns
)

# 挑出長紅的股票
k_body_range = (close_df - open_df) / open_df # 正的是紅 K、負的是黑 K
k_body_range_ma = k_body_range.rolling(k_body_ma_p).mean()
```

```python
big_rise_k_filter = pd.DataFrame(
    np.where((k_body_range > k_body_floor) & (k_body_range > k_body_range_
ma * k_body_multiplier),True,False),
    index = k_body_range.index,
    columns = k_body_range.columns
)

# 交易量濾網，捨棄月均量太小的股票
avg_vol_df = vol_df.rolling(vol_length).mean()
vol_share_floor = vol_floor * 1000
vol_filter = pd.DataFrame(
    np.where(avg_vol_df > vol_share_floor,True,False),
    index = avg_vol_df.index,
    columns = avg_vol_df.columns
)

# 取交集，得到最終結果
final_select = big_vol_filter & big_rise_k_filter & vol_filter
latest_result = final_select.loc[:,final_select.iloc[-1]].columns
```

大功告成，可以印出最新的選股結果。

結果

```
print(latest_result)
Index(['2457', '3058', '3607', '6412'], dtype='object', name='symbolId')
```

　　本書提到的「爆量長紅」，沒有正確答案，不一定要用上述方式描繪。每個人對於「爆量長紅」的想像多少存在差異，對 Python 選股結果是否符合個人想像中的「爆量長紅」，看法有所不同。這部分只是提供一個盲點較小的做法。各位可以根據書中所教的架構，開發專屬自己的波段選股模型。

為什麼選股模型要考慮這麼多細節呢？因為我們希望，大家在製作專屬選股模型的同時，能把所有情況都考慮進去，讓選股模型足夠穩健並經得起歷史考驗。

篩選結果變動的頻率

需要時時刻刻注意篩選結果變動的頻率，因為我們會需要透過篩選結果，判斷此選股模型是否有改進空間。以邏輯面和交易執行面分別說明篩選結果變動頻率的重要性。

邏輯面

假設你的模型只是單純挑出均線黃金交叉的股票，偏偏又給太短期的均線，比如 5 日均線或 10 日均線，那只要是在盤整的股票，就會隔三岔五跳出又發生黃金交叉的訊號，這樣的訊號本身雜訊太多，就算你在選出模型後還會做更進一步的分析，選出來的東西可靠度不算太高。

選股結果變動頻率高，有時候不一定真的不好，可能你想要的就是短線股票，那麼這樣的結果或許符合你設定的時間週期，但如果你以價值投資標的選股，選股結果卻每天都有大幅度的變動，是不合理的狀況。

交易執行面

如果你從選股結果發現前後幾天挑出來的股票差異非常大，該如何手動進一步分析，篩掉選股結果的雜訊，讓選股結果是可執行的？

如果要根據選股結果直接做交易，要知道選股只是挑進場時機的過程，還需要考慮出場策略，不可能有無限資金使股票只買不賣。

假設你已經考慮了出場策略，想直接根據選股結果做交易。這會導致每天你都會進場買新股票，交易成本相當高，平均每次出手，要賺超過成本的機率會低。

檢視選股結果也是至關重要的

檢視選股結果，能讓我們透過歷史資料了解選股模型的強度，藉此提前發現歷史回測表現不好的模型。雖然過去不等於未來，但如果模型在歷史表現明顯地不合預期，也不會有太多信心讓此模型實際上線運行。

歷史回測能幫助我們檢驗選股結果，檢視同樣的邏輯在過去的表現如何。不過，建議大家先完善自己的投資策略，再來檢驗選股結果。

完整的投資策略，可以參考圖表 5-7，必須包含進出場邏輯。進場和出場邏輯有可能是由好幾種邏輯組成。驗證選股結果之前，需要擬定至少一個出場邏輯。

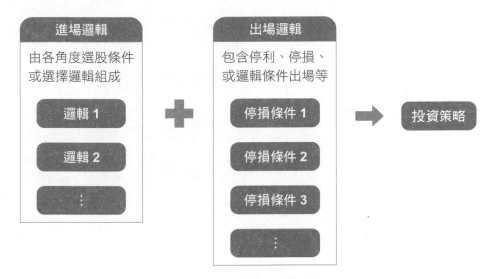

▲ 圖表 5-7　投資策略的進出場邏輯

本書提供幾種常見的出場邏輯（見圖表 5-8）：

1. 選出股票後，可以假設你買進持有一段時間後會賣掉（例如：持有一個月就賣出）。這種做法比較類似論文在使用的檢驗方式，好處是進場邏輯的表現好壞，比較不會受到不恰當的出場條件干擾。

2. 固定百分比停損跟停利。在投資上會有一個停損線，比如你用 100 元買進的股票，賠 10％跌到 90 元，這時就要停損。此時你可以讓回測判斷，進場後會不會觸發停損或停利。

3. 指標反轉出場。如果股票是在均線黃金交叉時被選股模型挑出，準備進場，出場就可以用均線死亡交叉判斷。如果在營收年增率超過 10％時被挑出來要進場，則可以用營收年增率跌破 0％，變成負成長做為出場的判斷。

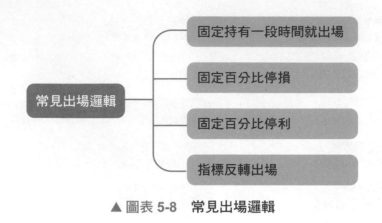

▲ 圖表 5-8　常見出場邏輯

除權息調整也需考慮進去

為什麼要考慮除權息呢？

1. 除權息導致價格出現跳空，使得計算技術指標結果偏移，選股結果有失真的風險。

2. 驗證選股模型的成效時，需考慮除權息事件來校正損益，藉此才能比較準確地驗證選股模型的歷史表現好壞。

其實選股還有許多細節需要考慮，包含不同面向的邏輯、產業分類的精確度等，不過真要繼續寫下去，這本書的厚度大概會變得像字典一樣，整本書的難度也會直線上升，所以這部分就請大家追蹤量化通的網站，我們會不定時用文章的形式慢慢和大家分享。

第 **6** 章

用 LINE 即時
掌握選股成果

LINE Notify 讓機器人告訴
你想要的資訊

20

在前面的章節，我們學會用爬蟲抓取資料，也設計出選股模型，但這些還不夠，我們不滿足於此。「科技始於人性」，如果可以很輕鬆地讓程式每天自動運算，並即時把運算結果告訴你，那你還會只滿足於「程式小黑窗」上那串股票代碼嗎？

LINE 是台灣最多人使用的社交應用程式，其中 LINE Notify 是可以免費群發訊息的小幫手，對於開發者來說，這項功能是一大福音，每個人都能到 LINE Notify 網站上，登入並申請權杖（LINE Access Token），實現個人或群組的訊息推送。每個帳號可以申請多組權杖，因此可以設定將不同種類的訊息分別推送至不同的群組內，相當方便而且全部免費。

LINE Notify 的應用場景很廣，如果屬於開發端的使用者，LINE Notify 可以串接 Github[*]，當檔案或資料有出現「提交」的動作時，可以藉由 LINE Notify 推送通知。如果屬於業務端的使用者，也能運用 LINE Notify 接收訊息，比如說可以把購物網站爬蟲的結果推送到 LINE，即時獲得優惠訊息，也可以推送爬蟲爬到的財經新聞。同理，也可以設定推

---

* 是公開的線上平台，很適合存放作品集，或進行共同編輯的作品。

送選股結果。

　　只要事先把排程設定好，就能使程式定時把價量、殖利率與所有需要的財報資料爬回來，並存放備用。如果設定自動更新資料的機制後，也能透過排程定期運行選股模型，並透過 LINE Notify 把選股結果推送到 LINE，即使上班通勤路上也不會錯過。

　　接下來就要教大家怎麼結合 LINE Notify 和定期排程套件，打造自動推送選股結果的機器人。

21 LINE Notify 基礎使用方法

要取得推送，首先要申請權杖。先進入 LINE Notify 官方網站，點擊右上角「登入」按鈕，以 LINE 帳號登入（見圖表 6-1）。

▲ 圖表 6-1　進入 LINE Notify 官方網站

登入成功後，會看到圖表 6-2 的畫面。請點擊畫面右上角的箭頭，選擇「個人頁面」。

▲ 圖表 6-2　登入後點選個人頁面

進入個人頁面後，將畫面拉至最下方，可以看到「發行存取權杖」（見圖表 6-3）。

▲ 圖表 6-3　「發行存取權杖」畫面

點擊「發行權杖」按鈕，會看到如圖表 6-4 的畫面。在這個步驟，需要替這個權杖對應的機器人命名，填在權杖名稱欄位，也需要決定這個權杖是要發送給個人還是群組。

關於推送的對象，建議即使 LINE Notify 推送的內容只是給自己看，還是以群組的方式進行推送。如此一來，若未來使用 LINE Notify 進行更多資訊的推送，所有的資訊才不會全混在某個聊天室中。

如果要讓通知推送到群組內，透過 LINE ID 搜尋「@linenotify」，把 LINE Notify 加為好友，建立一個群組，邀請 LINE Notify 進入群組。在申請權杖時，如圖表 6-4，選擇任一個有 LINE Notify 加入的群組，之後就能透過這組權杖來推送指定的內容了。

▲ 圖表 6-4　設定權杖機器人

點擊「發行」按鈕後，取得權杖如圖表 6-5 所示，這時要把字串記錄下來。

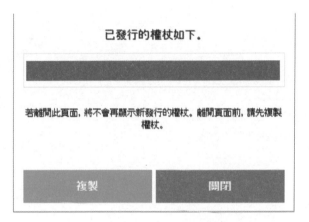

已發行的權杖如下。

若離開此頁面，將不會再顯示新發行的權杖。離開頁面前，請先複製權杖。

| 複製 | 關閉 |

▲ 圖表 6-5　成功發行權杖

執行這一連串的步驟，就能成功獲得權杖。拿到權杖後，要寫程式實現「推送」的動作，並將程式碼用 def 自訂函數，讓外部程式也能輕易呼叫使用。

範例程式碼

```python
# 先導入 requests 套件
import requests

# 定義函數 send_message，傳入權杖（token）和要推送的字串（msg）來達到用
  LINE Notify 推送

def send_message(token, msg):

# LINE Notify 推送是以 post 的方式提交請求，因此要定義「headers」，它是
  字典型態。其中一個索引 key 名稱「Authorization」對應到的值，是由持有人
```

```
（Bearer）和權杖（token）組成的字串
  headers = {
    "Authorization": "Bearer " + token, # Bearer 和 token 間以半形空格分隔
    "Content-Type" : "application/x-www-form-urlencoded" # Content-Type
                                              填入對應的值
  }

# 將要推送的訊息字串存在字典內，放進 message 的索引中
  payload = {'message': msg}
# 以 post 的方式，向 https://notify-api.line.me/api/notify 提出請求
  r = requests.post(
      "https://notify-api.line.me/api/notify", headers = headers, params
      = payload
      )
# 可以做例外排除，將請求的回傳用 r 接起，並把這個請求的執行狀態做為 send_
  messaage 函數的回傳
  return r.status_code
# 如果請求成功，r.status_code 就會是 200
```

接著與選股模型做結合。延續第 5 章的例子，我們已經運算完選股模型，共挑出 4 支股票。如下方程式碼：

範例程式碼

```
print(latest_result)
Index(['2457', '3058', '3607', '6412'], dtype='object', name='symbolId')
```

這時若要把這個選股模型的結果推送到 LINE Notify，只要輸入下方程式碼即可做到。

　　稍微解釋一下程式的意義，第一行就是把選股結果 list，透過 join 的方式將裡面每個元素轉換成以逗號分隔的字串。第二行則是放入先前申請到的權杖。第三行則是呼叫上方寫好的函數，實現訊息推送。

範例程式碼

```
# 將選股結果 list，透過 join 語法把每個元素轉換成以逗號分隔的字串
send_msg = '選股通知 \n爆量長紅股：\n' + ','.join(latest_symbol_select)
token = '<這裡放上你的權杖>' # 放入先前申請到的權杖
send_message(token, send_msg) # 呼叫寫好的選股模型函數
```

　　執行以上的程式碼，便能實現訊息推送。可以到 LINE 上檢查，成功推送的結果如圖表 6-6。

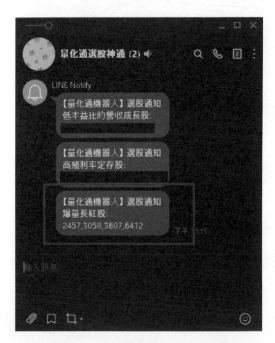

▲ 圖表 6-6　成功推送 LINE 訊息

前一節我們學會如何推送訊息，距離最終目標「自動排程推送選股結果」還差一步。只要學會使用 schedule 套件，就能讓 Python 自動排程執行函數。

schedule 套件可以設定每間隔多長時間執行某個函數，也可以指定每天幾點幾分執行某個函數。

用「schedule.clear()」指令清空所有排程，再用「schedule.every()」一系列的指令排上排程。以下方程式碼舉例說明：

範例程式碼

```
# 載入 schedule 和 datetime 套件（這裡用到 datetime 是為了印出本機時間，驗
  證排程是否正確執行）
import schedule
from datetime import datetime

# 把本機時間轉成字串格式，並且印出
def say_hi():
```

```
  current_dt = datetime.now().strftime('%Y-%m-%d %H:%M:%S')
  print(current_dt+'\nHi')


# 放入價量資料爬蟲的程式碼。這裡為了可讀性,只留下印出「Start
  working...」字串的程式碼,表示程式碼曾進來這個函數
def get_price():
  print('Start working...')


# 先運行 schedule.clear() 將排程清除,避免習慣使用 jupyter notebook 整合開
  發環境的讀者,有殘存的排程,造成運行結果不如預期
schedule.clear()
schedule.every(15).seconds.do(say_hi) # 指定每 15 秒運行一次 say_hi 函數
schedule.every().day.at('15:00').do(get_price) # 每天 15:00 運行一次
                                                get_price 函數


# 將 schedule.run_pending() 放在 while 無窮迴圈內
while True:
  schedule.run_pending()
```

　　檢視運行的結果,程式碼確實每 15 秒就運行一次 say_hi,也確實在 15:00 的時候執行 get_price 函數,印出「Start working...」。以上的程式碼,就如同人工交易時,每 15 秒確認一次這個程式是否還在運作,每天盤後 15:00 自動到證交所爬取當天的價量資料。

結果

```
2021-06-01 14:59:13
Hi
2021-06-01 14:59:28
```

```
Hi

2021-06-01 14:59:43

Hi

2021-06-01 14:59:58

Hi

Start working...

2021-06-01 15:00:13

Hi
```

23　自動排程推送選股成果

　　運用前一節案例中的程式碼，可以快速地把「運行選股模型」排程執行。

　　如同上一節中以 get_price 函數排程，要將選股模型設成自訂函數，才能取用。最簡單的做法，是將選股模型的程式碼全選，按一下 Tab，包在 selection 函數中。

　　如果要嚴謹一點，也可以用 class 或 json 程式碼自訂設定檔，並把每一個動作各自設定成函數，讓程式碼後續更容易維護。為了讓初學者能夠快速上手，本書不會實作太過複雜的步驟，主要以第 5 章的範例，以及前一節的程式碼向上堆疊。

　　將選股模型包成 selection 函數後，還需加入 latest_date 傳入參數，將傳入參數 latest_date 賦值給 date_to（指定最終日期的函數），就可以讓程式排程在每天運行時，以當天的本機時間校正選股起訖日，確保每天運算出的結果都是最新資料。

　　這裡用到的 run 函數需要特別注意。在上一節的範例程式碼中使用 get_price 函數，於此處將函數名稱更改為 run，符合它的功能，並且此處的 run 函數做了兩件事：

1. 用 datetime.now() 取出本機日期時間，再把日期傳入選股模型，讓選股模型運算出最新的選股結果。

2. 把選股結果整理成適合推送的字串，連帶著 LINE Notify 權杖一起傳入 send_message 函數，實現即時推送。

排程程式碼其實與前一節大同小異，唯一的變化是將選股運算的排程更改至 8:00，因為若把排程放在盤後，有可能會因為某些爬蟲資料還沒取得，算不出正確的選股結果。實際上只要在每日盤前得知選股結果就可以了，因此將排程設定成 8:00。各位讀者也可以根據個人偏好進行調整。

範例程式碼

```python
import pandas as pd
import numpy as np
import schedule
import requests
import os

from datetime import datetime

def selection(latest_date):

    # 指定選股起訖日期
    date_from = '2020-01-01'
    date_to = latest_date

    # 指定候選清單
    symbol_pool = pd.read_csv('./data/utils/symbol_pool.csv', dtype=str)
```

```
symbol_list = list(symbol_pool.loc[symbol_pool['industry'].isin(['電
子零組件業']), 'symbolId'])


# 指定選股參數
vol_floor = 100
vol_length = 20
big_vol_multiplier = 2
k_body_ma_p = 20
k_body_floor = 0.03
k_body_multiplier = 2



# 生成交易日曆
date_range = pd.date_range(date_from, date_to)
date_range_str = [date.strftime('%Y%m%d') for date in date_range]
dir_and_files = os.listdir('./data/price')
all_open_dates = [f.split('_')[-1].split('.')[0] for f in dir_and_
files if f[:5] == 'price' and f[-4:] == '.csv']
open_dates = [date for date in date_range_str if date in all_open_dates]
print(open_dates)


# 讀取價格資料並整理
path_price = {date: './data/price/price_{}.csv'.format(date) for date
in open_dates}
price_df = pd.DataFrame()
for date in path_price.keys():
    one_day_price = pd.read_csv(path_price[date])
    one_day_price.index = [date] * len(one_day_price)
    price_df = price_df.append(
```

```
          one_day_price.loc[one_day_price['symbolId'].isin(symbol_list)]
    )
price_df.index = pd.to_datetime(price_df.index)
print(price_df)


# 資料準備
# 從 price_df 取出開盤價、收盤價、成交量 DataFrame
open_df = pd.pivot_table(price_df, index=price_df.index,
columns='symbolId', values='Open')
close_df = pd.pivot_table(price_df, index=price_df.index,
columns='symbolId', values='Close')
vol_df = pd.pivot_table(price_df, index=price_df.index,
columns='symbolId', values='Volume')


# 定義爆量長紅：成交量大於過去均量 2 倍 + 長紅實體 K > 3％ + 長紅實體 K >
  平均 K 棒距離 2 倍

# 判斷爆量
vol_ma_df = vol_df.rolling(vol_length).mean()
big_vol_filter = pd.DataFrame(
  np.where(vol_df > vol_ma_df * big_vol_multiplier,True,False),
  index = vol_df.index,
  columns = vol_df.columns
)

# 長紅實體 K 距離
k_body_range = (close_df - open_df) / open_df # 正的是紅 K、負的是黑 K
k_body_range_ma = k_body_range.rolling(k_body_ma_p).mean()
```

```python
big_rise_k_filter = pd.DataFrame(
    np.where((k_body_range > k_body_floor) & (k_body_range > k_body_
range_ma * k_body_multiplier),True,False),
    index = k_body_range.index,
    columns = k_body_range.columns
)

# 篩掉沒量的股票
avg_vol_df = vol_df.rolling(vol_length).mean()
vol_floor = vol_floor * 1000
vol_filter = pd.DataFrame(
    np.where(avg_vol_df > vol_floor,True,False),
    index = avg_vol_df.index,
    columns = avg_vol_df.columns
)

final_select_df = big_vol_filter & big_rise_k_filter & vol_filter
latest_symbol_select = final_select_df.loc[:,final_select_
df.iloc[-1]].columns

return latest_symbol_select


def say_hi():
    current_dt = datetime.now().strftime('%Y-%m-%d %H:%M:%S')
    print(current_dt+'\nHi')


def run():
```

```python
    latest_date = datetime.now()
    latest_select = selection(latest_date)
    send_msg = ' 選股通知 \n 爆量長紅股 :\n' + ','.join(latest_select)
    token = ' 這裡請放上你的 LINE Notify 權杖 '
    send_message(token, send_msg)



def send_message(token, msg):
    headers = {
        "Authorization": "Bearer " + token,
        "Content-Type" : "application/x-www-form-urlencoded"
        }


    payload = {'message': msg}
    r = requests.post("https://notify-api.line.me/api/notify", headers =
headers, params = payload)
    return r.status_code



schedule.clear()

schedule.every(15).seconds.do(say_hi)
schedule.every().day.at('08:00').do(run)

while True:
    schedule.run_pending()
```

結語
進入程式交易的敲門磚

現在的投資人越來越聰明，市面上也出現越來越多工具輔佐投資人執行投資決策，但現成的工具往往不符合每個人的需求，無法量身打造做出客製化的需求。

量化通集結幾位核心成員，皆為經歷金融業界實戰考驗的菁英，這次很感謝出版社讓量化通有這個機會，在入門 Python 理財的教育上達成共識，提供投資人不一樣的投資工具。

我們經常聽到身邊朋友們提問：「想要在 Python 股票理財上加強自己，卻不知該如何開始。」萬事起頭難，因此我們想透過這本書，為讀者鋪好起頭的路，做為 Python 理財的敲門磚。

這本書的定位是入門工具書，因此每一章都希望用最白話的方式將專業人士所謂的常識，對初學者來說卻是知識的內容，逐步教給大家。因此，本書一開始先介紹程式交易、入門金融知識，最後才循序漸進引入 Python 程式語言，以及選股模型實作教學。

可能會辜負程式高手讀者對本書的期待，因為我們難以將更進階的 Python 理財應用和實作細節放進本書的篇幅中，不過，我們也會不斷把一些實作 Python 理財需要注意的事項，更新在量化通的官方網站，歡迎讀者透過以下各個管道與我們聯繫，反映閱讀與實作上遇到的問題讓我們知道。

量化通的官方 LINE 社群匯集了各路好手，常常有相當熱烈的良性討論，也歡迎各位讀者加入一同分享個人見解。

　　謝謝各位讀者的耐心閱讀，也恭喜各位讀者，扎實的學習讓你在投資的路上又變得更強了！

　　量化通官方 LINE 社群

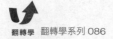

翻轉學　翻轉學系列 086

零基礎入門的 Python 自動化投資

10 年操盤手團隊量化通，教你從零開始學程式交易，
讓你輕鬆選股、判斷買賣時機，精準獲利

作　　　　者	量化通	
封　面　設　計	張天薪	
內　文　排　版	黃雅芬	
責　任　編　輯	黃韻璇	
行　銷　企　劃	陳豫萱‧陳可錞	
出版二部總編輯	林俊安	

出　　版　　者	采實文化事業股份有限公司
業　務　發　行	張世明‧林踏欣‧林坤蓉‧王貞玉
國　際　版　權	施維真‧王盈潔
印　務　採　購	曾玉霞
會　計　行　政	李韶婉‧許俶瑀‧張婕莛
法　律　顧　問	第一國際法律事務所　余淑杏律師
電　子　信　箱	acme@acmebook.com.tw
采　實　官　網	www.acmebook.com.tw
采　實　臉　書	www.facebook.com/acmebook01

Ｉ　Ｓ　Ｂ　Ｎ	978-986-507-822-5
定　　　　價	450 元
初　版　一　刷	2022 年 6 月
初　版　三　刷	2023 年 10 月
劃　撥　帳　號	50148859
劃　撥　戶　名	采實文化事業股份有限公司
	104 台北市中山區南京東路二段 95 號 9 樓
	電話：(02)2511-9798　傳真：(02)2571-3298

國家圖書館出版品預行編目資料

零基礎入門的Python 自動化投資：10 年操盤手團隊量化通，教你從零開
始學程式交易，讓你輕鬆選股、判斷買賣時機，精準獲利 / 量化通著. –
台北市：采實文化，2022.06
272 面；17×22 公分 . --（翻轉學系列；86）
ISBN 978-986-507-822-5（平裝）

1. CST: Python（電腦程式語言）2. CST: 股票投資

312.32P97　　　　　　　　　　　　　　　　　　111004864

采實出版集團
ACME PUBLISHING GROUP

翻轉學

翻轉學

翻轉學

翻轉學